PROBLÈMES
DE PHYSIQUE ET DE CHIMIE

PROBLÈMES
DE PHYSIQUE
ET
DE CHIMIE

(PRINCIPES ET EXEMPLES DE SOLUTIONS)

A L'USAGE DES

CANDIDATS AUX ÉCOLES D'ARTS ET MÉTIERS

PAR

A. MAILLARD

Professeur de Sciences physiques,

DEUXIÈME ÉDITION

PARIS
LIBRAIRIE VUIBERT
63, BOULEVARD SAINT-GERMAIN, 63

RÉSOLUTION DES PROBLÈMES

Conseils aux élèves.

La résolution du problème de physique exige avant tout, de la part de l'élève, la connaissance parfaite des lois de la Physique et des formules qui synthétisent ces lois. Reste ensuite à les appliquer à la question proposée ; cette judicieuse application s'acquiert par la réflexion et par l'expérience.

Voici quelques conseils pratiques dictés par cette expérience :

1° L'énoncé du problème doit être lu, relu et même appris par cœur ; une lecture superficielle conduit toujours à quelque erreur de jugement ou à un oubli de mémoire.

2° Souvent le problème repose sur une expérience, sur une manipulation ; dans ce cas, il est très important de se rendre compte de ce qui se passe dans cette expérience, et, pour cela, il faut la représenter par une figure, par plusieurs figures qui en décrivent les différentes phases.

3° Il est nécessaire de convertir les nombres de l'énoncé en unités se correspondant dans le système métrique, ou dans le système C. G. S. Ainsi, si l'on adopte le centimètre pour unité de longueur, il faudra prendre le centimètre carré pour unité de surface, le centimètre cube pour unité de volume, le gramme pour unité de masse, etc. (remarquez toutefois que pour les gaz c'est le litre d'air et non le centimètre cube qui pèse $1^g,293$).

4° Enfin, l'élève doit toujours supposer que les données du problème sont raisonnables ; *il vérifiera donc toujours le résultat d'un problème numérique par un calcul mental comportant des données simplifiées,* ce qu'on appelle des *nombres ronds*; en quelques secondes il se rendra compte si la solution trouvée est acceptable ou absurde.

Le problème de chimie élémentaire est généralement facile à résoudre. Il exige la connaissance des préparations des corps inscrits aux programmes et des réactions que ces corps exercent les uns sur les autres.

Une équation de réaction étant écrite et les poids moléculaires des corps en présence étant connus, on peut poser sur cette équation 2, 3, 4, etc. problèmes différents, qui tous se réduisent à une simple *règle de trois* ou à une *règle de proportions.*

Il ne faut pas oublier que le poids moléculaire exprimé en grammes représente, lorsque le corps est à l'état gazeux, $22^{l},3$ de ce corps; cette simple remarque permet souvent de résoudre directement un problème dont les données numériques sont exprimées en poids, sans qu'il soit nécessaire de passer par la densité du corps gazeux.

La simple lecture des dix premiers problèmes de chimie résolus dans cet ouvrage en apprendra plus à l'élève que toutes les théories relatives à leur résolution.

ABRÉVIATIONS. ET SYMBOLES
EMPLOYÉS DANS CE VOLUME

C. G. S.,	centimètre - gramme - seconde.
C, c,	capacité.
D, d,	densité.
E,	force électromotrice (f. é. m.) ; état hygrométrique.
F, f,	force.
H,	pression atmosphérique ; force élastique.
H. P.	cheval-vapeur (en anglais Horse-power).
I, i,	intensité.
L, l,	longueur.
M, m,	masse.
N, n,	nombre abstrait.
P,	puissance ; pression.
Q, q,	quantité d'électricité, de chaleur.
R, r,	résistance.
S, s,	surface.
T, t,	temps, température.
U, V,	différence de potentiel.
V,	volume.
W,	travail, énergie.
m,	mètre.
m²,	mètre carré.
m³,	mètre cube.
g,	gramme.
l,	litre.
fr,	franc.
a,	accélération.
d,	diamètre.
e,	espace.
g,	accélération due à la pesanteur.
h,	coefficient de dilatation cubique.
p,	pression.
s,	section.
v,	vitesse.
α, β,	(*alpha, bêta*) angles ; coefficients de dilatation des gaz.
γ,	(*gamma*) accélération.
ε,	(*epsilonn*) équivalent chimique.
λ,	(*lambda*) coefficient de dilatation linéaire.
ρ,	(*rhô*) résistivité.
σ,	(*sigma*) densité électrique.
Σ,	(*sigma*) somme.
θ,	(*thêta*) température.
ϖ, ω,	(*pi, oméga*) poussée.
φ,	(*phi*) volume.

(*) Les abréviations et symboles concernant la Physique sont conformes aux décisions des Congrès de Physique et d'Électricité tenus à Paris en 1900.

Unités usitées en Physique.

A. — Unités industrielles :

Unité usuelle de force,   le *kilogramme* (981×10^3 dynes à Paris).

—   de travail,   le *kilogrammètre*.

—   de puissance, le *cheval-vapeur*.

B. — Unités C. G. S. :

Unité de force,   la *dyne* $= \dfrac{1}{981}$ de gramme à Paris.

Unité de travail,   l'*erg* ou *dyne-centimètre*.

Unité usuelle de travail,   le *joule* $= 10^7$ ergs.

—   de puissance, le *watt* $= 1$ joule par seconde.

Un joule vaut $\dfrac{1^{kgm}}{9,8}$, ou $0^{kgm},102$, soit environ $\dfrac{1}{10}$ de kgm.

Un watt vaut $\dfrac{1}{736}$ de cheval-vapeur.

Un kilogrammètre vaut $9^{joules},8$, soit environ 10^{joules}.

Un cheval-vapeur vaut 736 watts, et 75^{kgm} par seconde.

Le horse-power vaut $75^{kgm},9$ par seconde.

Le *poncelet* vaut 100^{kgm} par seconde ou 0,981 kilowatt.

Unités pratiques d'Électricité.

UNITÉS DE	NOMS	VALEURS EN UNITÉS ÉLECTROMAG. C.G.S.	VALEURS EN UNITÉS ÉLECTROSTAT. C.G.S.
Quantité.	Coulomb.	10^{-1}	$10^{-1} \times a = 3 \times 10^9$
F. é. motrice.	Volt.	10^8	$10^8 \times \dfrac{1}{a} = \dfrac{1}{3 \times 10^2}$
Intensité.	Ampère.	10^{-1}	$10^{-1} \times a = 3 \times 10^9$
Résistance.	Ohm.	10^9	$10^9 \times \dfrac{1}{a^2} = \dfrac{1}{3^2 \times 10^{11}}$
Capacité.	Farad.	10^{-9}	$10^{-9} \times a^2 = 3^2 \times 10^{11}$
Énergie.	Joule.	10^7 ergs	10^7 ergs.
Puissance.	Watt.	10^7 ergs par sec.	1 joule par seconde.

POIDS ATOMIQUES DES CORPS SIMPLES

N. B. — Les chiffres romains placés en bas et à droite du symbole d'un élément indiquent la *valence* de cet élément. Cette valence n'est pas indiquée lorsqu'elle est variable. Les métalloïdes sont imprimés en caractère gras.

Aluminium	Al_{III}	= 27	**Iode**	I_I	= 127
Antimoine (stibium)	Sb_{III}	= 120	Magnésium	Mg_{II}	= 24
Argent	Ag_I	= 103	Manganèse	Mn	= 55
Arsenic	As_{III}	= 75	Mercure (hydrargyrum)	Hg_{II}	= 200
Azote	Az_{II}	= 14	Nickel	Ni_{II}	= 59
Baryum	Ba_{II}	= 137	Or (aurum)	Au_{III}	= 197
Bismuth	Bi	= 203	**Oxygène**	O_{II}	= 16
Bore	Bo_{III}	= 11	**Phosphore**	P_{III}	= 31
Brome	Br_I	= 80	Platine	Pl_{IV}	= 194
Calcium	Ca_{II}	= 40	Plomb	Pb_{II}	= 207
Carbone	C_{IV}	= 12	Potassium (kalium)	K_I	= 39
Chlore	Cl_I	= 35,5	**Sélénium**	Se_{II}	= 79
Cuivre	Cu_{II}	= 63,5	**Silicium**	Si_{IV}	= 28
Etain (stannum)	Sn_{IV}	= 118	Sodium (natrium)	Na_I	= 23
Fer	Fe	= 56	**Soufre**	S_{II}	= 32
Fluor	F_I	= 19	**Tellure**	Te_{II}	= 128
HYDROGÈNE	H_I	= 1	Zinc	Zn_{II}	= 67

FORMULAIRE

NOTIONS GÉNÉRALES SUR LA FORCE ET LE TRAVAIL

Forces. — *Proportionnalité des forces aux accélérations :*

$$\frac{F}{\gamma} = \frac{F'}{\gamma'} = m,$$

d'où
$$F = \gamma m.$$

m est par définition la masse du corps.

Si la force est le poids du corps, et si l'accélération en chute libre est g, on a

$$\frac{P}{g} = m,$$

d'où
$$P = mg.$$

Travail. — *Travail d'une force constante :*

a) Si le déplacement du point d'application se fait dans la direction de la force, on a

$$W = Fe.$$

b) Si le déplacement du point d'application fait un angle α avec la direction de la force, et si e est le déplacement de ce point,

$$W = F \times e'. \quad (e' \text{ est la projection de } e \text{ sur la direction de } F.)$$

CHUTE DES CORPS. — POIDS. — MASSES

Notions générales. — Formules.

Formules. — Ce sont les formules du mouvement uniformément varié, dans lesquelles l'accélération a pour symbole g et pour valeur 981^{cm} à Paris.

a) *Corps tombant en chute libre dans le vide:*

$$e = \frac{gt^2}{2},$$

$$v = gt.$$

L'élimination de t entre ces deux formules donne

$$v = \sqrt{2ge}.$$

b) *Corps tombant dans le vide avec une vitesse initiale v_0:*

$$e = v_0 t + \frac{gt^2}{2},$$

$$v = v_0 + gt.$$

c) *Corps lancé verticalement de bas en haut dans le vide avec une vitesse initiale v_0:*

$$e = v_0 t - \frac{gt^2}{2},$$

$$v = v_0 - gt.$$

Arrivé au point culminant de sa course, le mobile a une vitesse nulle ; donc $v_0 = gt$, et la hauteur h à laquelle le corps parvient est

$$h = \frac{v_0^2}{2g}.$$

BALANCE

Condition d'équilibre stable: Le centre de gravité de la partie mobile (fléau, aiguille et plateaux) doit être dans le plan vertical passant par l'arête du couteau et au-dessous de celui-ci.

Conditions de justesse: 1° Le fléau doit être horizontal avant la pesée ; 2° les deux bras du fléau doivent être égaux.

Poids x d'un corps faisant équilibre à un poids p placé du côté du bras de fléau de longueur l et à un poids p' placé du côté du fléau de longueur l':

$$x = \sqrt{pp'}.$$

PRINCIPE D'ARCHIMÈDE

1° Soient P le poids d'un corps, ϖ la poussée, c'est-à-dire le poids du volume de liquide qu'il déplace ; on appelle poids apparent P' la différence

$$\text{P'} = \text{Poids réel} - \text{Poussée} = \text{P} - \varpi.$$

2° Les problèmes relatifs aux corps immergés et aux corps flottants — en équilibre — se résolvent par l'équation très simple :

Poids du corps = Poids du fluide déplacé par la partie immergée.

3° Les poids et les pressions s'évaluent en dynes ; cependant, comme en un même lieu les poids sont proportionnels aux masses, nous exprimerons le poids en grammes à moins que l'énoncé ne spécifie la dyne.

Formules.

$$P = Mg,$$
$$M = Vd.$$

Poids apparent = Poids réel — Poussée.

Poussée = Poids du fluide déplacé.

DENSITÉS DES SOLIDES ET DES LIQUIDES

Formules.

$$M = VD,$$
$$D = \frac{M}{V} = \frac{M}{M'}.$$

(M, masse du corps ; M', masse d'un égal volume d'eau.)

REMARQUES. — 1° Les tables de densités donnent les densités des solides et des liquides pris à 0° par rapport à la masse du même volume d'eau à 4° ; en pratique, dans les problèmes, on considère la densité de l'eau comme étant toujours égale à 1, à moins que les données ne spécifient une densité correspondant à la température t.

2° La masse d'eau déplacée par un corps étant représentée par M grammes, la poussée est aussi Mg et le volume V du corps est égal à Mcm³.

3° S'il s'agit des aréomètres de Baumé, bien remarquer que le pèse-acides marque 0° dans l'eau, tandis que le pèse-esprits y marque 10°.

VASES COMMUNICANTS

Formules.

$$\frac{h}{h'} = \frac{d'}{d}.$$

Les hauteurs partent du plan horizontal de séparation des deux liquides, ce qui revient à dire que les pressions sont les mêmes par unité de surface sur le plan horizontal de séparation

REMARQUE. — Un corps flottant sur un liquide exerce sur une tranche horizontale quelconque placée au-dessous de lui une pression égale à son propre poids ; on peut dire aussi que ce corps exerce la même pression qu'un même poids de liquide ajouté dans le vase où il se trouve.

PRESSION ATMOSPHÉRIQUE
BAROMÈTRE. — LOI DE MARIOTTE

Formules.

Loi de Mariotte :

$$VH = V'H' = C^{te},$$
$$DH = D'H.$$

Si le liquide barométrique n'est pas du mercure, la hauteur H en mercure, équivalente à la hauteur H_1 en liquide, est donnée par la relation des vases communicants

$$H_1 d = H \times 13,6.$$

Les pressions doivent régulièrement être exprimées en *dynes*. On les exprime quelquefois en kilogrammes par centimètre carré et plus généralement en hauteurs de mercure. La pression atmosphérique normale correspond à 76^{cm} de mercure, ce qui donne par centimètre carré une pression

$$M = 76 \times 13,6 = 1033^{g}$$

et, en dynes,

$$P = 1033 \times 981 \text{ dynes.}$$

On exprime aussi les pressions en *baryes* ; la barye équivaut à la pression exercée par une dyne sur un cm^2.

REMARQUES. — 1° Quand on veut appliquer la loi de Mariotte, il faut s'assurer qu'il s'agit de la *même masse* de gaz ; on cherche alors le premier volume V_1 et la première force élastique P_1, puis le second volume V_2 et la seconde force élastique P_2 ; on écrit ensuite l'égalité $V_1 P_1 = V_2 P_2$.

2° Remarquer que la force élastique d'un gaz dans un tube ou une éprouvette est $F = H + h$ si le mercure dans le tube est au-dessous du niveau du mercure de la cuvette (*fig. a*).

Elle est $F = H - h$ si le mercure dans le tube est au-dessus du niveau du mercure de la cuvette (*fig. b*).

D'ailleurs H peut signifier soit la pression atmosphérique si la cuvette communique avec l'air extérieur, soit la pression d'un gaz comprimé en vase clos et communiquant avec la cuvette fermée.

MACHINE PNEUMATIQUE

Formules. — 1° Loi de Mariotte : $VH = V'H'$.

2° Force élastique de l'air après n coups de piston dans un récipient R, le corps de pompe ayant pour capacité C :

$$H_n = \left(\frac{R}{R + C}\right)^n H.$$

3° Limite du vide f causée par l'espace nuisible de capacité v, la capacité du corps de pompe étant C :

$$f = \frac{vH}{C}.$$

MACHINE DE COMPRESSION.

Formules. — 1° Force élastique H_n du gaz dans un récipient R contenant d'abord un gaz à la pression H_0, lorsque la pompe de capacité C aspire le gaz dans un milieu indéfini de pression H pour le refouler dans R :

$$H_n = H_0 + \frac{nCH}{R}.$$

2° Limite de la compression due à l'espace nuisible de volume v :

$$F = \frac{CH}{v}.$$

POMPES. — SIPHONS. — PIPETTE

Soit une éprouvette de longueur l ($l <$ la pression atmosphérique en hauteur de liquide) complètement remplie de liquide de densité d et retournée sur une cuvette contenant le même liquide ; soient h la hauteur du liquide au-dessus du niveau de la cuvette et H la pression atmosphérique exprimée en hauteur de mercure. Le sommet a de l'éprouvette reçoit évidemment une pression de bas en haut, car le liquide, au lieu de s'arrêter en a, pourrait monter à une hauteur $\dfrac{H \times 13,6}{d}$ sous l'action de la pression atmosphérique.

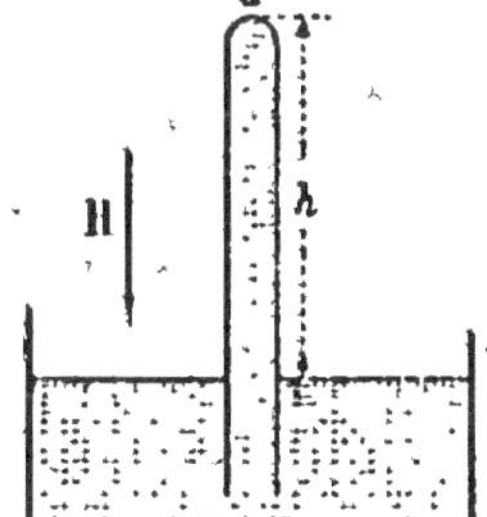

La pression de bas en haut P au sommet de l'éprouvette, exprimée en grammes, sera par centimètre carré

$$P = H \times 13,6 - hd.$$

La pression exprimée en dynes sera Pg, à condition d'exprimer H et h en centimètres.

Si l'éprouvette contient un liquide de hauteur h' et au-dessus du liquide un gaz de force élastique égale à p grammes, la pression par centimètre carré au sommet de l'éprouvette sera celle que lui fait éprouver la force élastique du gaz. Cette force élastique est, en grammes,

$$p = \text{H} \times 13,6 - h'd.$$

Elle est $\text{F} = \text{H} + h$ si le liquide est du mercure et si son niveau dans le tube est inférieur à celui de la cuvette (*fig. a*).

Elle est $\text{F} = \text{H} - h$ si le mercure dans le tube est au-dessus du niveau du mercure de la cuvette, comme il a été dit à la remarque de la page 9 (*fig. a et b*).

Si le liquide émet des vapeurs, il y a lieu de tenir compte de leur force élastique (voir p. 14).

DILATATION DES SOLIDES

Formules.

1° Dilatation linéaire. — Longueur d'une barre à $t°$, connaissant sa longueur L_0 à $0°$:

$$L_t = L_0(1 + \lambda t).$$

Rapport entre les deux longueurs L et L' d'une barre à $t°$ et à $t'°$:

$$\frac{L}{L'} = \frac{1 + \lambda t}{1 + \lambda t'},$$

ou (formule approchée)

$$\frac{L}{L'} = 1 + \lambda(t - t').$$

2° Dilatation en surface et en volume. — Le coefficient de dilatation superficielle σ est sensiblement le double du coefficient λ de dilatation linéaire : $\sigma = 2\lambda$.

Le coefficient de dilatation cubique k est sensiblement le triple du coefficient de dilatation linéaire : $k = 3\lambda$.

$$V = V_0(1 + kt),$$

$$\frac{V}{V'} = \frac{1 + kt}{1 + kt'},$$

ou (formule approchée) $\quad \dfrac{V}{V'} = 1 + k(t - t')$.

Rapport entre les densités d'un même corps à $t°$ et à $t'°$:

$$\frac{D}{D'} = \frac{1 + kt'}{1 + kt},$$

ou (formule approchée) $\qquad \dfrac{D}{D'} = 1 + k(t' - t).$

Si $t' = 0,$ on a $\qquad \dfrac{D}{D_0} = \dfrac{1}{1 + kt}.$

DILATATION DES LIQUIDES

Formules.

$$V = V_0(1 + kt),$$
$$\frac{V}{V'} = \frac{1 + kt}{1 + kt'},$$

ou (formule approchée) $\qquad \dfrac{V}{V'} = 1 + k(t - t').$

REMARQUES. — 1° La plupart des problèmes sur la dilatation des liquides se résolvent en écrivant qu'à *la même température* :

Volume du contenant = Volume du contenu.

Le volume du contenant est donné par la formule

$$V = V_0(1 + kt).$$

Le volume réel du contenu est indépendant du vase dans lequel il se trouve; souvent le volume réduit à 0° s'obtient par la relation

$$V_0 = \frac{M}{D_0}.$$

Ce volume devient à $t°$

$$V = \frac{M}{D_0}(1 + \alpha t).$$

2° Ne pas oublier que la dilatation absolue est (physiquement) égale à la somme de la dilatation apparente et de la dilatation de l'enveloppe.

3° Si le vase est formé d'un réservoir muni d'un tube gradué, il faut évaluer son volume à 0° en deux parties : le volume R du réservoir, et la somme nv des volumes des divisions occupées par le liquide. Si le volume d'un liquide dans un tel vase est marqué sur l'échelle des graduations par la division n, le volume réel est $(R + nv)(1 + kt)$.

4° Dans les problèmes où l'on donne la dilatation apparente, on peut aussi écrire l'équation

Volume apparent du contenant = Volume apparent du contenu.

Le volume apparent est celui du réservoir à 0° augmenté du volume des divisions lues sur la tige : $V_0 + nv_0$.

La volume apparent du contenu est $V_0(1 + \alpha' t)$; α' est le coefficient de dilatation apparente du liquide $(\alpha' = \alpha - k)$.

5° Il est bon de connaître de mémoire les coefficients suivants :

Coefficient de dilatation absolue du mercure, $\mu = \dfrac{1}{5\,550} = 0,00018018$.

—   —   —   verre, $k = \dfrac{1}{38\,700} = 0,0000258$.

Coefficient de dilatation apparente du mercure dans le verre, $\mu' = \mu - k$,

$\mu' = \dfrac{1}{6\,480} = 0,00015434$.

DILATATION DES GAZ SECS

I. *Dilatation des gaz secs.* — *États successifs d'une même masse de gaz.*
Formule des gaz parfaits ou de Gay-Lussac :
$$\frac{VH}{1 + \alpha t} = \frac{V'H'}{1 + \alpha t'} = V_0 H_0.$$
Relation entre les densités :
$$\frac{D'H}{1 + \alpha t} = \frac{DH'}{1 + \alpha t'}.$$
M et M' étant les poids d'un même volume de gaz, on a aussi
$$\frac{M'H}{1 + \alpha t} = \frac{MH'}{1 + \alpha t'}.$$

II. *Masse d'un certain volume de gaz à t° et à la pression H :*
$$M = \frac{Vda H}{76(1 + \alpha t)}.$$
d, densité du gaz par rapport à l'air.
a, poids d'un litre d'air, $1^{gr},293$.

$\alpha = 0,00367$ ou $\dfrac{1}{273}$ (valeur moyenne pour la plupart des gaz).

III. *Mélange de plusieurs gaz de températures et de pressions différentes :*
$$\frac{vh}{1 + \alpha t} + \frac{v'h'}{1 + \alpha t'} + \frac{v''h''}{1 + \alpha t''} + \cdots = \frac{VH}{1 + \alpha T} = V_0 H_0.$$
Dans cette formule, V est le volume commun ; H est la pression finale, c'est-à-dire la somme des pressions particulières de chaque gaz
$$x + y + z + \cdots$$
Par exemple, la pression x du premier gaz est donnée par la relation
$$\frac{vh}{1 + \alpha t} = \frac{Vx}{1 + \alpha T},$$

etc.

Remarques. — 1° Il est important, dans les problèmes relatifs à la dilatation, aux densités, etc. des gaz, de bien choisir les unités de volume et de poids. Si l'on prend pour unité de volume le mètre cube, le décimètre cube, le centimètre cube, on prendra pour unité de poids le kilogramme, le gramme, le milligramme.

Par exemple, si l'on exprime le volume d'un gaz en mètres cubes, le poids de ce volume de gaz sera, en kilogrammes,

$$M = \frac{Vd \times 1,293 \times H}{76 \times (1 + \alpha t)}.$$

Si le volume est exprimé en centimètres cubes, le poids en grammes sera

$$M = \frac{Vd \times 0,001293 \times H}{76 \times (1 + \alpha t)}.$$

2° Si un gaz passe par plusieurs états, on s'en rendra compte en faisant un tableau des pressions, des volumes, des températures.

3° Il existe pour chaque gaz deux coefficients de dilatation : le premier, α, est le coefficient de dilatation sous pression constante ; le second, β, est le coefficient d'augmentation de force élastique sous volume constant. En pratique $\alpha = \beta$ pour les gaz peu compressibles.

VAPEURS. — ÉTAT HYGROMÉTRIQUE

Formules.

Masse d'un volume V de vapeur de force élastique f :

$$M = \frac{Vdaf}{760(1 + \alpha t)}.$$

État hygrométrique ou fraction de saturation :

$$E = \frac{f}{F} = \frac{m}{M}.$$

Masse d'un volume V d'air humide à la pression H. — Cette masse se compose de celle de l'air sec à la pression $H - f$, augmentée de celle de la vapeur à la pression f.

Masse de l'air sec :

$$m = \frac{V \times 1,293(H - f)}{760(1 + \alpha t)}.$$

Masse de la vapeur d'eau :

$$m' = \frac{V \times \frac{5}{8} \times 1,293 \times f}{760(1 + \alpha t)}.$$

Masse de l'air humide :

$$M = m + m' = \frac{V \times 1{,}293\left(H - \dfrac{3}{8}f\right)}{760(1 + \alpha t)} ;$$

f, tension de la vapeur non saturante ; F, tension de la vapeur saturante ; $a = 1^g{,}293$; d, densité $\left(\dfrac{5}{8}\ \text{ou } 0{.}622 \text{ pour la vapeur d'eau}\right)$; $\alpha = 0{,}00367$ ou $\dfrac{1}{273}$.

REMARQUE. — 1° Quand une vapeur n'est pas saturante elle se comporte comme un gaz et on peut lui appliquer les lois relatives aux gaz parfaits ; le gaz auquel elle est mélangée a pour tension $H - f$.

2° Si la vapeur reste saturante en passant d'un premier état à un second, sa tension est maximum et égale à F à la température de l'expérience ; le gaz auquel elle est mélangée a pour tension $H - F$.

3° Une transformation étant indiquée dans l'énoncé du problème, si on ne peut savoir *a priori* l'état de la vapeur à la fin de cette transformation on traite cette vapeur comme si elle ne devenait pas saturante ; si le résultat est impossible, soit parce que le nouveau volume est inférieur à celui qui rendrait la vapeur saturante, soit parce que la nouvelle force élastique donnée par le calcul est supérieure à la force élastique maximum qui correspond à la température de l'expérience, on en conclut que la vapeur est saturante.

CALORIMÉTRIE

Définitions pratiques.

La *calorie* est la quantité de chaleur *absorbée* par l'unité de masse d'eau pour s'échauffer de 1°, ou *dégagée* par l'unité de masse d'eau qui se refroidit de 1°. On appelle *calorie* ou *petite calorie*, c, celle dont l'unité de masse est le gramme, et *grande calorie*, C, celle dont l'unité de masse est le kilogramme.

La *chaleur spécifique* d'un corps est le nombre de calories qu'absorbe 1^g de ce corps pour s'échauffer de 1° ou que dégage 1^g de ce corps qui se refroidit de 1°.

M^g d'un corps dont la température s'élève ou s'abaisse de 1° absorbent ou dégagent Mc calories. Le produit Mc s'appelle la *capacité calorifique du corps* ou son *équivalent en eau*.

La *chaleur de fusion* d'un corps est le nombre de calories absorbées par 1^g du corps pour *fondre* sans changer de température, ou dégagées par 1^g de ce corps pour se *solidifier* sans changer de température.

La *chaleur de vaporisation* d'un corps liquide est le nombre de calories absorbées par 1ᵍ de ce liquide pour se *vaporiser*, ou dégagées par 1ᵍ de vapeur pour se *liquéfier* sans changer de température.

REMARQUES. — 1° D'une façon générale, pour résoudre les problèmes de calorimétrie, on écrit que le nombre de calories *absorbées* par les corps qui s'échauffent, se liquéfient, se vaporisent, est égal au nombre de calories *dégagées* par les corps qui se refroidissent, se solidifient, se condensent.

2° Si en résolvant un problème de mélange dans lequel on a des corps qui se solidifient ou se liquéfient, on trouve une solution absurde ou négative, c'est qu'une partie seulement de la masse se solidifie ou se liquéfie ; on met alors le problème en équation en faisant cette nouvelle supposition.

3° Enfin, quand un corps passe d'un état à un autre, le plus souvent sa chaleur spécifique change ; il faut tenir compte de cette variation et n'oublier aucune quantité de chaleur provenant de ce changement d'état.

Prenons comme exemple la question suivante :

Quelle quantité de chaleur absorbe 1ᵍ d'eau pour passer de l'état de glace à — 20° à l'état de vapeur à 100° ?

Chaleur spécifique de la glace, 0,5. — Chaleur de fusion de la glace, 80. — Chaleur de vaporisation à 100°, 537.

Pour remonter de — 20° à 0°, 1ᵍ de glace absorbe

		$0,5 \times 20 = 10$ calories.
Pour se liquéfier à 0°,	—	80 —
Pour s'échauffer de 0° à 100°,	—	100 —
Pour se vaporiser à 100°	—	537 —
TOTAL. . . .		727 calories.

L'équivalent mécanique de la grande calorie, E, est égal à 425 kilogrammètres :

$$E = 425^{kgm}.$$

L'équivalent mécanique de la petite calorie est, en unités C. G. S.,

$$e = 4,17 \times 10^7 \text{ ergs} = 4^{Joules},17.$$

Le *joule* vaut à Paris $\dfrac{1^{kgm}}{9,81}$, soit environ $\dfrac{1}{10}$ de kilogrammètre.

Le *watt*, unité de puissance, vaut 1 joule par seconde.
Le *cheval-vapeur* vaut 75ᵏᵍᵐ ou 736 watts.

ÉLECTRICITÉ

Notions générales. — Formules.

1° *Loi des attractions et des répulsions* :

$$f = k\,\frac{qq'}{d^2}.$$

Dans l'air, $k = 1$.

f s'exprime en dynes ;
q, q', en unités électrostatiques de quantité ;
d, en centimètres.

2° *Densité électrique σ d'une sphère électrisée :*

$$\sigma = \frac{q}{4\pi R^2} \quad \text{U.É.S.C.G.S. (*)}$$

3° *Relation entre le potentiel V, la charge Q et la capacité C d'un conducteur :*

$$C = \frac{Q}{V}, \qquad \text{ou} \qquad Q = CV.$$

Si le conducteur est une sphère, on a $C = R$,   d'où

$$Q = VR \quad \text{U.É.S.}$$

4° *Partage de l'électricité entre deux conducteurs en communication lointaine :*

a) avant la communication $\begin{cases} q = cv, \\ q' = c'v' ; \end{cases}$

b) après la communication

$$q + q' = cv + c'v' = (c + c')V,$$

d'où
$$V = \frac{cv + c'v'}{c + c'}.$$

5° *Énergie d'un conducteur électrisé isolé. Travail effectué par sa décharge* (W s'exprime en ergs) :

$$W = \frac{QV}{2} = \frac{CV^2}{2} \quad \text{ergs.}$$

6° *Unités pratiques :*

a) de quantité : le *coulomb*, qui vaut 3×10^9 U.É.S. ;

b) de potentiel : le *volt*   — $\dfrac{1}{300}$ U.É.S. ;

c) de capacité : le *farad*   - 9×10^{11} U.É.S. ;
le *microfarad* — 9×10^5 U.É.S. ;

d) d'énergie   : le *joule*   — 10^7 ergs ;

e) de puissance : le *watt* (1 joule par seconde), qui vaut 10^7 ergs.

Ces unités ont été choisies de façon que, Q étant exprimé en coulombs, V en volts, C en farads, la formule $Q = CV$ est applicable et la formule $W = \dfrac{CV^2}{2}$ représente alors des joules.

Condensation électrique. — Capacité.

1° *Condensateur sphérique* dont la lame d'air a une épaisseur de e centimètres :

$$C = \frac{R^2}{e} = \frac{4\pi R^2}{4\pi e} = \frac{S}{4\pi e} \quad \text{U.É.S.} \qquad \text{ou} \qquad \frac{S}{4\pi e} \times \frac{1}{9 \times 10^{11}} \text{ farads ;}$$

(*) U. É. S., unités électrostatiques.

2° *Bouteille de Leyde ou jarre à lame dont le pouvoir inducteur est K :*

$$C = \frac{KS}{4\pi e} \quad \text{U.É S.} \qquad \text{ou} \qquad \frac{KS}{4\pi e} \times \frac{1}{9 \times 10^{11}} \text{ farads.}$$

3° Même formule pour un condensateur plan de large surface.
Le pouvoir inducteur K du verre est 5 environ.

ÉLECTRICITÉ DYNAMIQUE

Unités pratiques.

Unité de quantité : le *coulomb*, quantité d'électricité nécessaire pour libérer $\frac{1}{96600}$ de gramme d'hydrogène dans l'électrolyse de l'eau.

Unité d'intensité : l'*ampère* ou un *coulomb* par seconde.

Unité de force électromotrice : le *volt* $= \frac{1}{300}$ U.É.S. de potentiel. (La force électromotrice de la pile Daniell est de 1 volt,06).

Unité de résistance : l'*ohm*, résistance à 0° d'une colonne de mercure de 1^{mm^2} de section et 106^{cm} de longueur.

Unité de travail : le *joule* $= 10^7$ ergs.

Unité de puissance : le *watt* $= 1$ joule par seconde.

Nota. — Dans les formules qui suivent, on convient de représenter l'intensité en ampères par I; la force électromotrice en volts, par E; la résistance en ohms, par R, ou r, ou ρ; le travail ou la puissance, par W; les quantités d'électricité ou de chaleur, par Q.

Notions générales sur le courant électrique. Formules.

Formule d'Ohm. — *a*) Intensité I entre deux points A et B d'un circuit (v désignant le potentiel en A, v' désignant le potentiel en B et r la résistance AcB) :

$$I = \frac{v - v'}{r},$$

et, en représentant par e la différence de potentiel $(v - v')$,

$$I = \frac{e}{r}.$$

b) Intensité dans tout le circuit (E étant la force électromotrice ou la différence de potentiel aux deux pôles en circuit ouvert; R désignant la résistance intérieure de la pile, r la résistance extérieure, e la différence de potentiel aux deux pôles en circuit fermé) :

$$I = \frac{E}{R + r}.$$

Dans le conducteur interpolaire $\quad I = \dfrac{e}{r}.$

Dans la pile $\qquad\qquad\qquad I = \dfrac{E - e}{R}.$

Groupement des piles. — 1° En *série* ou *tension*. — Si on désigne par n le nombre des éléments, par R la résistance d'un élément, par r la résistance extérieure, on a

$$I = \frac{nE}{nR + r}.$$

2° En *batterie* ou en *quantité*. — La force électromotrice reste celle d'un élément et la résistance est rendue n fois plus petite ; l'intensité est celle d'un seul élément de surface n fois plus grande :

$$I = \frac{E}{\dfrac{R}{n} + r} = \frac{nE}{R + nr}.$$

3° *Groupement mixte.* — On forme des batteries de m éléments, qu'on groupe ensuite en une série composée de n batteries, ou, ce qui revient au même, on forme des séries de n éléments, qu'on groupe en une batterie de m séries

$$I = \frac{nE}{\dfrac{nR}{m} + r} = \frac{E}{\dfrac{R}{m} + \dfrac{r}{n}}.$$

Le maximum d'intensité a lieu lorsque la résistance intérieure devient égale à la résistance extérieure : $\quad \dfrac{nR}{m} = r\ (*).$

Résistances. — La *résistance spécifique* ρ d'une substance est la résistance, en ohms ou en microhms, d'un cube de 1^{cm} de côté de cette substance.

La résistance d'un conducteur de section s, de longueur l, est

$$r = \rho\, \frac{l}{s}.$$

Étude du courant dans un circuit simple. — Soit le circuit indiqué par

---

(*) Si on désigne par E_1 la force électromotrice de la pile $(E_1 = nE)$ et par e la différence de potentiel aux deux pôles, on a, dans le cas du maximum d'intensité, $E_1 = 2e.$

la figure ci-dessous (*), renfermant trois résistances en série ; soit R la résistance de la pile.

On a

$$1 = \frac{E}{R + r + r' + r''} \cdot$$

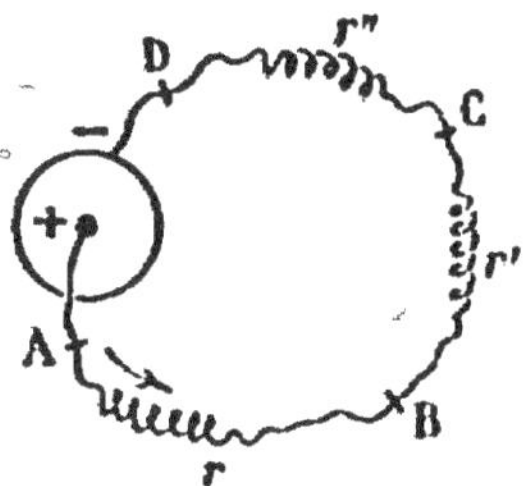

L'intensité est la même dans tout le circuit. Les chutes du potentiel entre A et B, entre B et C, entre C et D, que nous désignerons par e, e', e'', sont

$$e = 1r, \qquad e' = 1r', \qquad e'' = 1r''.$$

Étude du courant dans un circuit avec dérivations ou dans des arcs multiples. — Soit un circuit PAB comprenant une pile et trois dérivations entre A et B. La différence de potentiel entre A et B étant $a - b = e$, l'intensité totale est

$$1 = i + i' + i'',$$

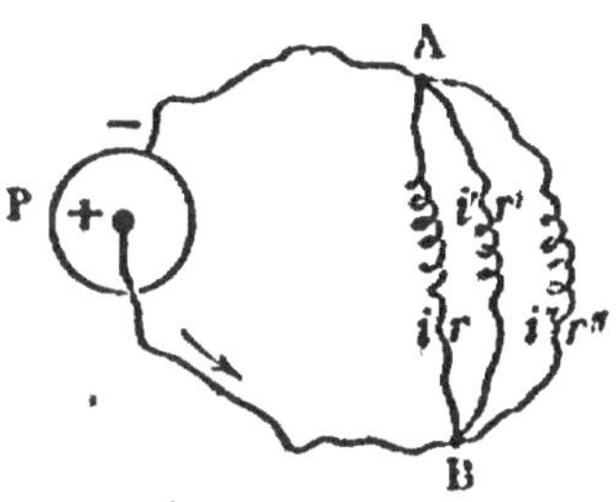

et la chute de potentiel entre les mêmes points

$$e = ir = i'r' = i''r''.$$

On appelle *résistance réduite* la résistance qui remplacerait les arcs r, r', r''. Soit ρ cette résistance ; elle est liée à r, r', r'' par la relation

$$\frac{1}{\rho} = \frac{1}{r} + \frac{1}{r'} + \frac{1}{r''};$$

l'intensité totale a aussi pour valeur

$$1 = \frac{E}{R + \rho},$$

R désignant la résistance intérieure de la pile, et ρ la résistance extérieure.

Travail et effets calorifiques d'un courant. — *a*) Travail développé dans un circuit entier en un temps t :

$$W = 1^2 Rt = E1t = \frac{E^2 t}{R} \cdot$$

R est la résistance totale. W s'exprime en joules.

b) Travail dans une portion de circuit de résistance r pendant t secondes :

$$W = 1^2 rt = e1t.$$

c) Travail dans la pile de résistance R_1 (ou énergie absorbée par la pile)

(*) Dans les croquis, on figure une pile ou par un cercle dont le centre est le pôle positif et la circonférence le pôle négatif ; — ou par deux traits parallèles, l'un court et épais représentant le pôle négatif, l'autre fin et long représentant le pôle positif.

pendant le même temps t :

$$W = I^2R_i t = (E - e)It.$$

$(E - e)$ est la différence entre la force électromotrice de la pile et la différence de potentiel aux deux bornes, le circuit étant fermé.

La *puissance* P du générateur du courant est le travail qu'il fournit par seconde; elle s'exprime en watts :

$$P = EI = I^2R.$$

Distribution de la chaleur dans un circuit. — Le nombre de calories Q est celui qui équivaut au travail dans ce circuit, travail indiqué par les formules précédentes :

$$Q = \frac{W}{4,17}.$$

Effets chimiques du courant. — *Résumé pratique des lois de Faraday.* — 1° Le poids d'hydrogène mis en liberté par un courant traversant un voltamètre est proportionnel à l'intensité du courant. Ce poids est de $\dfrac{18}{96\,600}$ d'hydrogène par ampère en une seconde, ou par coulomb en un temps quelconque.

2° Le poids M de métal mis en liberté par un coulomb est proportionnel à l'équivalent chimique ε de ce métal (*). Ainsi, pour $\dfrac{18}{96\,600}$ d'hydrogène, il y a $\varepsilon \times \dfrac{18}{96\,600}$ de métal déposé par coulomb; pour un courant de I ampères, la masse de métal déposé sera, en t secondes,

$$M = \frac{\varepsilon It}{96\,600}.$$

L'équivalent électrochimique est $\dfrac{\varepsilon}{96\,600}$.

3° Le courant électrolyse tous les liquides qu'il traverse et les éléments de pile se comportent comme des voltamètres extérieurs.

Si les éléments sont tous en série, le poids d'hydrogène dégagé est le même dans chacun des éléments; s'ils sont groupés en une batterie, le poids d'hydrogène, étant p dans un voltamètre extérieur, sera p dans la batterie et $\dfrac{p}{n}$ dans chaque élément, n étant le nombre des éléments identiques de la batterie. Si le groupement est mixte et formé de m séries de chacune n éléments, le poids d'hydrogène mis en liberté dans chaque série est $\dfrac{np}{m}$ et dans chaque élément $\dfrac{p}{m}$.

Lois de Kirchhoff. — Les questions relatives aux dérivations et cir-

(*) L'équivalent chimique ε est égal au poids atomique divisé par la valence que possède le métal dans le composé. Ainsi, le poids atomique du cuivre étant 64, son équivalent est 64 dans le chlorure cuivreux Cu^2Cl^2; il est 32 dans le chlorure cuivrique $CuCl^2$.

cuits complexes se résolvent facilement à l'aide des lois de Kirchhoff, que l'on peut énoncer comme il suit :

1° Quand plusieurs conducteurs aboutissent en un point, la somme des intensités des courants qui passent en ce point est *nulle* si l'on considère comme positifs les courants qui vont vers le point et comme négatifs ceux qui s'en éloignent :

$$\Sigma i = 0.$$

2° Pour toute portion fermée de circuit ne contenant pas de force électromotrice E, la somme des produits des intensités par les résistances est nulle : $\Sigma(ir) = 0$; cette somme est égale à la force électromotrice E dans toute portion fermée où cette force existe :

$$\Sigma(ir) - E = 0.$$

Ces formules sont la généralisation des lois relatives aux courants dérivés de la page 20 ; on a en effet

$$I = i' + i'' \quad \text{ou} \quad I - i' - i'' = 0,$$
$$ir = i'r' \quad \text{ou} \quad ir - i'r' = 0,$$
$$I = \frac{E}{R + \rho} \quad \text{ou} \quad IR + I\rho - E = 0.$$

PREMIÈRE PARTIE

PROBLÈMES RÉSOLUS

I. — PHYSIQUE

PESANTEUR

**§ I. — Notions sur les forces et le travail.
Unités C. G. S.**

1. *Deux forces parallèles et de même sens sont appliquées en deux points A et B invariablement liés et distants de 25ᶜᵐ ; l'une des forces évaluée en dynes vaut 15000 dynes ; l'autre évaluée en kilogrammes vaut 0ᵏᵍ,200 à Paris. Trouver en dynes l'intensité de la résultante et son point d'application. Valeur de g : 981 unités C. G. S.*

Une force de 200ᵍ à Paris vaut 200 × 981, ou 196 200 dynes.

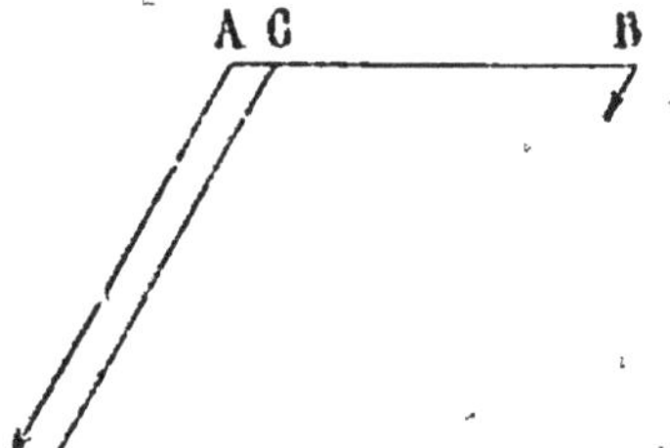

La résultante de 2 forces parallèles et de même sens est égale à leur somme, et son point d'application divise la droite qui joint les points d'application des deux forces en deux parties inversement proportionnelles à ces deux forces. On a donc

$$F = 196\,200 + 15\,000 = 211\,200 \text{ dynes},$$

et, si le point C est le point d'application de la résultante,

$$\frac{CA}{CB} = \frac{15\,000}{196\,200},$$

ou

$$\frac{CA + CB}{CA} = \frac{211\,200}{15\,000},$$

c'est-à-dire

$$\frac{25}{CA} = \frac{211\,200}{15\,000},$$

d'où l'on tire

$$CA = \frac{25 \times 15\,000}{211\,200} = 1^{cm},77.$$

2. *Exprimer en watts la puissance d'un moteur dans lequel la force motrice, qui est de 100^{kg}, produit en une heure un déplacement de 12^m dans sa propre direction.*

Une force de 1 gramme vaut, à Paris, 981 dynes, et 1^{kg} équivaut à 981 000 dynes ; d'autre part, 100^{kg}, ou 98 100 000 dynes, se déplaçant de 12 mètres, ou de 1 200^{cm}, produisent un travail de

$$98\,100\,000 \times 1\,200 \text{ ergs,}$$

ou

$$\frac{98\,100\,000 \times 1\,200}{10^7} = 981 \times 12 \text{ joules.}$$

Le watt, unité de puissance, représente 1 joule par seconde ; donc, la puissance P aura pour valeur

$$P = \frac{981 \times 12}{3\,600} = 3^w,27.$$

3. *A deux pitons A, B fixés dans un plafond sont attachées les extrémités d'un cordon dont le milieu M soutient un lustre pesant 12^{kg}. Les deux brins font entre eux un angle de 60°. On demande de calculer, en kilogrammes-poids, les tractions exercées sur les deux pitons.*

Les deux tractions sont les deux composantes MF, MF', égales et faisant entre elles un angle de 60°, d'une force verticale de 12^{kg}.

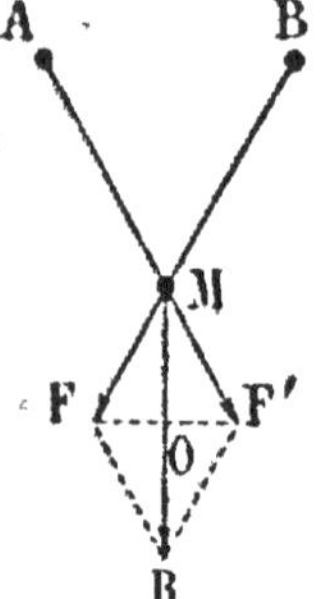

Le triangle FMF' est équilatéral; on a donc

$$MO = \frac{MF\sqrt{3}}{2} \cdot$$

et par suite $2MO = MF\sqrt{3}$.

La valeur de MF est donc, en kg.,

$$MF = \frac{12}{\sqrt{3}} = 4\sqrt{3}.$$

En prenant pour $\sqrt{3}$ la valeur approchée 1,732, on a $MF = 6^{kg},928.$

C'est la valeur de la traction sur chaque piton.

§ II. — Poids d'un corps.
Chute des corps dans le vide.

4. *Un corps qui tombe dans le vide sans vitesse initiale a parcouru 100^m pendant les deux dernières secondes de sa chute; de quelle hauteur est-il tombé et quelle est sa vitesse en arrivant à terre? Valeur de l'accélération:* $g = 9^m,80.$

Soit t le temps qu'a mis le corps à tomber; l'espace e qu'il a parcouru est

$$e = \frac{gt^2}{2} \cdot$$

En $(t-2)$ secondes, il a parcouru un espace

$$e' = \frac{g}{2}(t-2)^2.$$

La différence $(e - e')$ étant égale à 100^m, on a

$$\frac{gt^2}{2} - \frac{g}{2}(t-2)^2 = 100,$$

équation de laquelle on tire

$$t = \frac{100 + 2g}{2g} = 6^{sec},102.$$

La hauteur de laquelle le corps est tombé est donc

$$e = \frac{gt^2}{2} = \frac{1}{2} \times 9,8 \times (6,102)^2 = 182^m,45.$$

La vitesse peut se trouver soit par la formule $v = gt$, connaissant t, soit par la formule $V = \sqrt{2ge}$, connaissant e; en employant la première formule, on a

$$v = 9,8 \times 6,102 = 59^m,80.$$

5. *Un corps pesant abandonné sans vitesse initiale tombe du haut d'une tour dont la hauteur est inconnue. Déterminer la durée de la chute et la hauteur de la tour, sachant que dans la dernière seconde de la chute le corps a parcouru la moitié de la hauteur totale.* $(g = 9^m,81.)$

Soit x le temps cherché ; écrivons que dans le temps $(x - 1)$ le corps a parcouru la moitié de l'espace total :

$$\frac{1}{2} g(x - 1)^2 = \frac{gx^2}{4},$$

équation qui se ramène à la suivante :

$$x^2 - 4x + 2 = 0,$$

dont les racines sont

$$x' = 2 + \sqrt{2} \qquad \text{et} \qquad x'' = 2 - \sqrt{2}.$$

La valeur x'' doit être rejetée, car si on retranchait une seconde de cette durée de chute on obtiendrait un résultat négatif.

La durée de la chute est donc

$$x' = 2 + \sqrt{2} = 3^{sec},41,$$

et, par suite, la hauteur h de la tour sera de

$$h = \frac{gx^2}{2} = \frac{9,81 \times \overline{3,41}^2}{2} = 57^m.$$

6. *On lance un corps de bas en haut avec une vitesse initiale de*

25ᵐ. *Au moment où le projectile atteint sa plus grande hauteur, on lance, du même point, un second corps avec la même vitesse. A quelle distance du point de départ les deux mobiles se rencontreront-ils ?*

Lorsque le premier mobile atteindra son point culminant, sa vitesse sera nulle et l'on aura

$$v_0 - gt = 0 \, ;$$

l'espace h qu'il aura parcouru pendant ce temps t aura pour valeur

$$h = v_0 t - \frac{gt^2}{2}.$$

En éliminant t entre ces deux équations, on aboutit à la formule connue

$$h = \frac{v_0^2}{2g}.$$

Prenons, comme origine du temps, l'instant où le premier corps commence à retomber ; soit e l'espace qu'aura parcouru ce corps et e' l'espace qu'aura parcouru le second mobile, au moment où ils se rencontrent ; désignons par t' le temps commun mis par les deux corps à parcourir l'un e, l'autre e' ; évidemment, la somme $e + e' = h$; par suite

$$\frac{gt'^2}{2} + v_0 t' - \frac{gt'^2}{2} = \frac{v_0^2}{2g}.$$

Tous calculs faits, on trouve, pour valeur de t',

$$t' = \frac{v_0}{2g},$$

et, pour la valeur de e' demandée dans l'énoncé,

$$e' = v_0 t' - \frac{gt'^2}{2} = \frac{v_0^2}{2g} - \frac{gv_0^2}{8g^2} = \frac{3v_0^2}{8g},$$

soit les $\dfrac{3}{4}$ de la hauteur totale h.

Application : $e' = \dfrac{3 \times \overline{25}^2}{8 \times 9,8} = 23^{\mathrm{m}},90.$

§ III. — Balance.

7. *Un marchand a remarqué que pour équilibrer un poids de 100ᵍ placé dans l'un des plateaux de sa balance il faut mettre 100ᵍ,1 dans l'autre plateau. Quel poids mis dans ce second plateau ferait équilibre à 1000ᵍ mis dans le premier?*

La résultante des deux forces 100ᵍ et 100ᵍ,1 passe par les points d'appui du couteau ; on a donc, en désignant par l et par l' les longueurs des bras de levier,

$$100l = 100,1l', \qquad\qquad (1)$$

d'où
$$\frac{l}{l'} = \frac{100,1}{100} = 1,001.$$

Dans la seconde pesée, on a de même, en appelant x le poids cherché,

$$1000l = xl',$$

d'où
$$\frac{l}{l'} = \frac{x}{1000}$$

et
$$x = 1000 \times \frac{l}{l'} = 1000 \times 1,001 = 1001^g,$$

ce qui montre que, d'une façon générale, on obtiendra le poids à placer sur le second plateau en multipliant par le rapport $\frac{l}{l'}$ le poids placé sur le premier ; le rapport $\frac{l}{l'}$ s'obtiendra en réalisant un équilibre quelconque à l'aide de poids gradués, comme l'indique l'équation (1).

8. *On lit dans les mémoires de Lavoisier que pour écarter dans les pesées l'erreur provenant d'une différence de longueur des deux bras du fléau d'une balance, il plaçait le corps à peser successivement dans les deux plateaux, puis il prenait la moyenne arithmétique des deux poids qui faisaient équilibre au corps dans* *chacune de ces pesées. La correction était-elle exacte? S'il y avait erreur, calculer cette erreur.*

Soit x le poids réel du corps, l et l' les longueurs des bras du fléau, p et p' les poids gradués employés dans l'une et l'autre pesée. Les équations d'équilibre du fléau, qui est un levier du premier genre, sont successivement

$$lx = pl', \qquad (1)$$
$$l'x = p'l, \qquad (2)$$

d'où, en multipliant membre à membre,

$$x^2 = pp',$$

et

$$x = \sqrt{pp'}$$

au lieu de

$$x' = \frac{p + p'}{2}.$$

Or la moyenne arithmétique est toujours supérieure à la moyenne géométrique; la différence $x' - x$ est l'erreur absolue e :

$$e = x' - x = \frac{p + p'}{2} - \sqrt{pp'} = \frac{(\sqrt{p} - \sqrt{p'})^2}{2}.$$

Cette erreur est d'autant plus petite que p' se rapproche davantage de p. Pour savoir quelle est la fraction du poids exact que représente cette erreur, remplaçons $\sqrt{p}$ et $\sqrt{p'}$ par leurs valeurs tirées de (1) et (2); nous aurons

$$\frac{(\sqrt{p} - \sqrt{p'})^2}{2} = \frac{1}{2}\left(\sqrt{\frac{l}{l'}}\,x - \sqrt{\frac{l'}{l}\,x}\right)^2 = \frac{lx}{2l'} + \frac{l'x}{2l} - x,$$

d'où

$$e = x\left(\frac{l^2 + l'^2 - 2ll'}{2ll'}\right),$$

et enfin

$$e = \frac{(l - l')^2}{2ll'}\,x,$$

fraction d'autant plus petite que la différence des longueurs des deux bras du fléau est elle-même plus petite.

Enfin l'*erreur relative*, qui est le rapport de l'erreur absolue au nombre exact, est

$$\frac{e}{x} = \frac{(l - l')^2}{2ll'}.$$

9. *Le fléau d'une balance dont les points de suspension et le centre d'oscillation sont en ligne droite a une longueur 2l. Les bras du fléau sont égaux, et le fléau pèse P^s. On place p grammes sur l'un des plateaux et l'extrémité du fléau baisse de ce fait d'une distance verticale égale à h^{cm}. Calculer la distance du centre de gravité à l'axe de suspension.*

Application :   P $= 500^s$; $l = 25^{cm}$; $p = 0^s,2$; $h = 3^{cm}$.

Sous l'action du poids p le fléau s'abaisse de   A'H $= h$ et

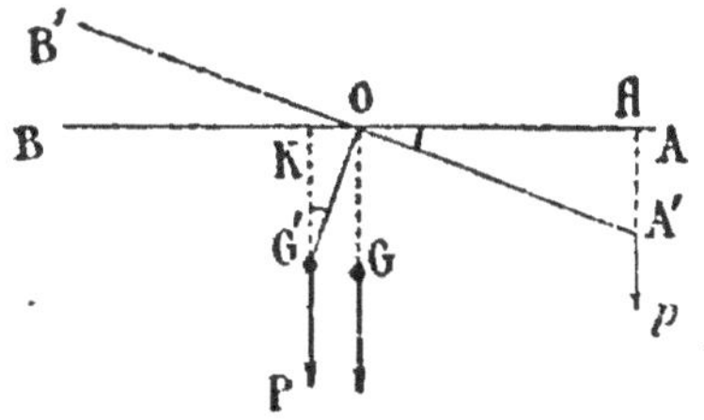

le centre de gravité G vient en G'. Soit OK la projection de OG' sur le fléau dans sa position horizontale ; appelons d la distance inconnue OG' ; lorsque l'équilibre est établi sous l'action des deux forces parallèles p et P, on a l'équation d'équilibre

$$P \times OK = p \times OH ; \qquad (1)$$

d'ailleurs $OH = \sqrt{\overline{OA'}^2 - \overline{A'H}^2} = \sqrt{l^2 - h^2}$ (2)

et les triangles semblables OHA' et OKG' donnent

$$\frac{A'H}{OK} = \frac{OA'}{OG'} \qquad \text{ou} \qquad \frac{h}{OK} = \frac{l}{d},$$

d'où $OK = \dfrac{dh}{l}.$ (3)

Portons dans l'équation (1) les valeurs de OH (éq. 2) et de OK (éq. 3) ; il vient

$$P \times \frac{dh}{l} = p\sqrt{l^2 - h^2},$$

ce qui donne pour d la valeur

$$d = \frac{pl}{Ph} \sqrt{l^2 - h^2}.$$

Application : En remplaçant les lettres par les valeurs numériques de l'énoncé, on a

$$d = \frac{0,2 \times 25}{500 \times 3} \sqrt{625 - 9},$$

ou
$$d = 0^{cm},082.$$

§ IV. — Pressions exercées sur les liquides.
Vases communicants.

10. *Deux tubes verticaux ayant chacun une section de 2^{cm^2} et communiquant à leur partie inférieure par un tube horizontal contiennent du mercure sur une hauteur de quelques centimètres. On verse dans l'un 60^s d'un liquide plus léger que le mercure. Sachant que la densité du mercure est 13,6, trouver de combien de millimètres le niveau du mercure se déplacera dans l'autre tube.*

(Éc. d'Arts et métiers, 1901.)

Soit AB le niveau primitif du mercure ; l'introduction du liquide dans la branche B a pour effet de déprimer le mercure de B en D d'une certaine hauteur x dans cette branche et de le faire monter de la même hauteur x dans l'autre.

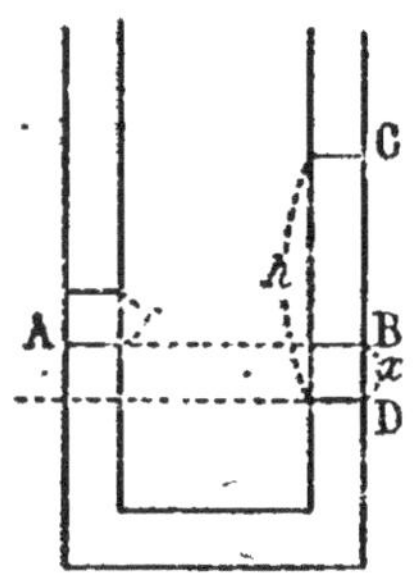

Soient d la densité et h la hauteur CD du liquide introduit ; les hauteurs au-dessus du niveau de séparation sont en raison inverse des densités ; on a donc

$$\frac{h}{2x} = \frac{13,6}{d},$$

d'où l'on tire
$$x = \frac{hd}{27,2}. \tag{1}$$

D'autre part, la hauteur h des 60g du liquide versé est

$$h = \frac{60}{2d} = \frac{30}{d} \text{ centimètres.}$$

Cette valeur de h portée dans la relation (1) donne, pour valeur de x,

$$x = \frac{30}{d} \times \frac{d}{27,2} = \frac{30}{27,2} = 1^{cm},1 \text{ ou } 11^{mm}.$$

11. *Un vase cylindrique ABCD est surmonté de deux tubes EF et GH dont les sections sont respectivement* 40cm² *et* 25cm². *On verse de l'eau dans le vase, et on maintient à l'aide de pistons P et P' les niveaux dans les tubes à des hauteurs différentes au-dessus du couvercle, savoir :* 20cm *dans le tube EF et* 30cm *dans le tube GH. Sachant que le poids du grand piston est de* 2kg, *on demande :*

1° Le poids du petit piston P';

2° La nouvelle différence de niveau si l'on vient à ajouter 0kg,5 *sur P';*

3° Les positions respectives des deux pistons par rapport au couvercle après cette addition ;

4° La pression par cm² sur le fond, si la distance de celui-ci au couvercle est de 50cm.

Exprimons les pressions en grammes.

1° La pression étant la même par cm² sur une même tranche horizontale, la valeur de cette pression sera, sur la tranche MN immédiatement au-dessous du piston P,

$$\frac{2000}{40} = 50 \text{ grammes,}$$

et, du côté de P', sur le même plan,

$$\frac{P'}{25} + 10 = 50,$$

on aura

d'où $$P' = 1000^g.$$

2° Si l'on ajoute 500ᵍ sur P', le liquide descendra du côté de P' et remontera du côté de P ; évaluons cette fois les pressions par rapport à la tranche horizontale située au-dessous de P', en désignant par x la différence de niveau du liquide dans les deux branches :

$$\frac{1\,500}{25} = \frac{2\,000}{40} + x,$$

d'où

$$x = 10^{cm}.$$

3° Pour trouver les positions des pistons par rapport au couvercle DC, remarquons que le volume du liquide qui occupe les deux branches reste constant quelles que soient les positions de P et de P'.

Or, ce volume était primitivement

$$40 \times 20 + 25 \times 30 = 1\,550^{cm^3}.$$

Si donc nous appelons h la hauteur du petit piston au-dessus de DC, celle du grand piston vaudra $h + 10$ et l'on aura

$$25h + 40(h + 10) = 1\,550 ;$$

de cette équation on tire

$$h = \frac{1\,150}{65} = 17^{cm},7.$$

4° La pression sur le fond du vase sera, par cm², égale au poids d'une colonne d'eau de $50^{cm} + 17^{cm},7$, augmentée du poids exercé par le petit piston sur une surface de 1^{cm^2} ; soit ϖ cette pression, elle vaudra

$$\varpi = 50 + 17,7 + \frac{1\,500}{25} = 127^g,7.$$

12. *Un vase cylindrique a une section de 120^{cm^2} ; il contient de l'eau qui s'élève à 30^{cm} au-dessus du fond du vase. On fait flotter sur l'eau un cylindre de bois ayant 80^{cm^2} de section et 10^{cm} de hauteur. On demande de combien s'élèvera le niveau de l'eau dans le vase. (Densité du bois : 0,7.)*

Supposons que le cylindre flotte de telle sorte que ses bases soient parallèles à la surface de l'eau (si elles étaient perpendiculaires à cette surface, on serait conduit à une équation du 3e degré); l'introduction du cylindre fait monter l'eau de AB en A'B'.

Écrivons l'équation d'équilibre des corps flottants :

Poids du cylindre = poids de l'eau déplacée

$$80 \times 10 \times 0,7 = 560^g.$$

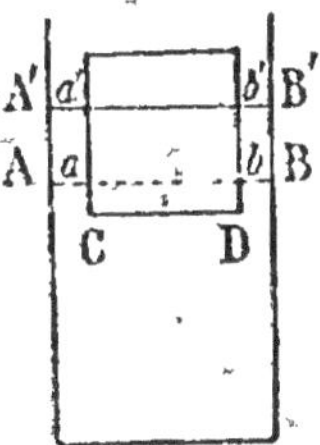

Le poids de l'eau déplacée étant 560^g, le volume d'eau déplacée est 560$^{cm^3}$.

Ce volume est représenté par le cylindre ABA'B'; en effet, on a

$$\text{Vol. } a'b'CD = \text{Vol. } a'b'ab + \text{Vol. } abCD.$$

Or, le volume d'eau déplacée par la partie du cylindre $abCD$ s'est réparti dans l'espace annulaire AaA'a', BbB'b', et, par suite,

$$\text{Vol. } a'b'CD = \text{Vol. } a'b'ab + \text{Vol. annulaire} = \text{Vol. ABA'B'}.$$

On a donc, en remarquant que la section du vase est de 120$^{cm^2}$,

$$120 \times AA' = 560,$$

d'où

$$AA' = 4^{cm},66.$$

Autre solution. — La solution suivante ne dépend pas de la position du cylindre et le raisonnement en est plus simple. Tout se passe comme si on avait versé dans le vase 560^g d'eau qui auraient occupé un volume de 560$^{cm^3}$; cette addition aurait donc élevé le niveau de

$$\frac{560}{120} = 4^{cm},66.$$

On remarquera que la hauteur de l'eau dans le vase, donnée dans l'énoncé, n'intervient pas; mais on peut remarquer aussi que la hauteur de la partie du cylindre immergée étant de $\frac{560}{80} = 7^{cm}$, la base CD se trouve à (7 — 4,66), ou 2^{cm},34, au-dessous du niveau primitif et, par conséquent, à $30^{cm} - 2^{cm},34$, ou à $27^{cm},66$, du fond.

§ V. — Principe d'Archimède.
Densités des solides et des liquides.

13. *On plonge un cylindre de fer, de 15^{cm} de hauteur et de 7,8 de densité, dans un vase contenant du mercure et de l'alcool en quantité suffisante pour que le cylindre soit complètement immergé ; ce cylindre flotte verticalement en équilibre à la surface de séparation des deux liquides. On demande la longueur de la partie de ce cylindre qui plonge dans le mercure. On sait que la densité du mercure est 13,6, et celle de l'alcool 0,79.*

(Éc. d'Arts et Métiers de Reims, 1904.)

Désignons par s la section du cylindre et par x la portion de la hauteur qui est immergée dans le mercure ; l'équation d'équilibre des corps flottants donne, en exprimant les poids en grammes,

$$sx \times 13,6 + s(15 - x)0,79 = s \times 15 \times 7,8,$$

équation d'où l'on tire

$$x = 8^{cm},1.$$

14. *Deux sphères métalliques dont les densités sont 2,5 et 8,8 ont même poids dans le vide ; on les suspend aux extrémités d'un levier et on les fait plonger dans l'eau. Quel doit être le rapport des deux bras de levier pour que l'équilibre ait lieu ?*

Désignons par V le volume de la sphère de densité 2,5 et par V' celui de la sphère de densité 8,8.

Dans le vide, on a l'équation d'équilibre

$$V \times 2,5 = V' \times 8,8. \qquad (1)$$

Dans l'eau, le poids apparent est égal au poids réel diminué de la poussée ; si l'on prend 1 pour densité de l'eau, les poussées sont V et V' et l'on a, en écrivant l'équation d'équilibre du levier,

$$(2,5V - V) \times l = (8,8V' - V') \times l',$$

ou
$$1,5Vl = 7,8V'l',$$

d'où le rapport
$$\frac{l}{l'} = \frac{7,8V'}{1,5V},$$

et, comme d'après l'équation (1) $\dfrac{V'}{V} = \dfrac{2,5}{8,8}$, il vient

$$\frac{l}{l'} = \frac{7,8 \times 2,5}{1,5 \times 8,8} = 1,477.$$

Ainsi, le bras de levier de la sphère qui a le plus grand volume V vaudra 1,477 fois celui de la seconde sphère de volume V'.

15. *Un cylindre de 20^{cm} de hauteur est suspendu au-dessous d'un des plateaux d'une balance hydrostatique. Lorsque 5^{cm} de ce cylindre plongent dans l'eau, il faut placer dans l'autre plateau un poids de 57^g pour obtenir l'équilibre. Quand 12^{cm} du cylindre plongent dans un liquide de densité 0,83, il faut 22^g pour obtenir l'équilibre.*

On demande le poids et la densité du cylindre.

(Inst. cath. d'Arts et Métiers de Lille, 1904.)

Soit s la section du cylindre. Écrivons les deux équations d'équilibre, en remarquant que le poids réel du corps est égal à la somme du poids apparent et de la poussée ; nous exprimons les poids en grammes et nous prenons 1 pour densité de l'eau :

$$P = 57 + 5s \times 1, \tag{1}$$

$$P = 22 + 12s \times 0,83. \tag{2}$$

En éliminant P entre ces deux équations, on obtient, pour valeur de s,

$$s = 7^{cm2},06.$$

Cette valeur portée dans (1) donne

$$P = 57 + 35,30 = 92^g,30.$$

Enfin, la densité D du cylindre se tirera de l'égalité $P = shD$ qui devient ici

$$92,30 = 7,06 \times 20 \times D$$

et donne $$D = 0,653.$$

16. *Un cylindre creux, fermé à ses deux extrémités, flotte del o l sur l'eau. Son rayon extérieur mesure* 10^{cm}, *sa hauteur extérieure* 35^{cm} *et sa hauteur intérieure* 33^{cm}. *Les parois sont partout d'égale épaisseur et on sait qu'un poids de* 4 510^g *placé sur la base supérieure amène celle-ci au niveau du liquide.*

Trouver la densité du métal dont le cylindre est formé.

Le volume extérieur du cylindre, et, par suite, le volume V d'eau déplacée, est

$$T = \pi \times 10^2 \times 35 = 3\,500\pi.$$

La différence $35 - 33 = 2^{cm}$ des deux hauteurs, extérieure et intérieure, montre que l'épaisseur de la paroi est de 1^{cm}; par suite, le volume intérieur V' est

$$V' = \pi \times 9^2 \times 33 = 2\,673\pi,$$

et le volume du métal, v, est la différence

$$v = 3\,500\pi - 2\,673\pi = 827\pi.$$

D'autre part, le poids de l'eau déplacée par le cylindre lorsqu'il affleure est $3\,500\pi \times 1$ soit, en grammes, $3\,500\pi$; écrivons que le poids du cylindre augmenté du poids $4\,510^g$ placé sur sa base équivaut au poids de l'eau déplacée; nous aurons, en désignant par d la densité cherchée,

$$827\pi d + 4510 = 3500\pi,$$

d'où l'on tire

$$d = \frac{3500\pi - 4510}{827\pi} = \frac{1}{827}\left(3500 - \frac{4510}{\pi}\right),$$

ce qui donne pour d la valeur numérique

$$d = 2,496.$$

17. *Un aréomètre Fahrenheit à volume constant flotte dans un liquide de densité 0,73, avec une surcharge de 8ᵍ,59 pour produire l'affleurement. Quand il flotte dans un liquide de densité 1,85, il faut, pour produire l'affleurement, une surcharge de 101ᵍ,55. On demande :*

1° Le poids de l'aréomètre ;

2° Quelle surcharge il faudra pour produire l'affleurement dans l'eau pure.

(Éc. d'Arts et Métiers de Reims, 1909.)

1° Soit V le volume de l'appareil jusqu'au point de repère qui marque l'affleurement dans un liquide quelconque, et x son poids en grammes. Le poids total du corps flottant étant égal au poids du liquide déplacé, on a les deux équations d'équilibre

$$x + 8,59 = V \times 0,73, \qquad (1)$$

$$x + 101,55 = V \times 1,85. \qquad (2)$$

En divisant ces deux égalités membre à membre, on obtient la nouvelle égalité

$$\frac{x + 8,59}{x + 101,55} = \frac{0,73}{1,85},$$

de laquelle on tire

$$x = 52ᵍ.$$

2° En portant cette valeur de x dans l'équation (1), on peut en déduire la valeur du volume V de l'appareil :

$$60,59 = 0,73V,$$

d'où
$$V = 83^{cm^3}.$$

Cela revient à dire que dans l'eau de densité 1 l'aréo-mètre lesté de sa surcharge déplace 83^g d'eau.

Cette surcharge vaut donc

$$83 - 52 = 31^g.$$

18. *On place un flacon vide sur le plateau d'une balance et on lui fait équilibre avec une tare ; puis on y verse 270^g d'un liquide qui occupe le quart du volume du flacon et on achève de le remplir avec un second liquide.*

Sachant que le rapport de la densité du premier liquide à celle du second est $\dfrac{3}{4}$ *et que le produit de ces densités est* 0,8748, *on demande :*

1° Le poids du second liquide ;

2° La capacité du flacon.

1° Désignons par d_1 la densité du premier liquide, par d_2 celle du second, et par V le volume du flacon.

Le poids P du premier liquide, qui remplit $\dfrac{1}{4}$ du flacon,

est $\dfrac{1}{4} Vd_1$.

On a donc
$$P = \frac{1}{4} Vd_1 = 270. \qquad (1)$$

Celui du second liquide, que nous représenterons par P', est

$$\frac{3}{4} Vd_2 = P'. \qquad (2)$$

En divisant membre à membre ces deux égalités, il vient

$$\frac{d_1}{3d_2} = \frac{270}{P'},$$

et, comme $\dfrac{d_1}{d_2} = \dfrac{4}{3}$, on a

$$P' = 3 \times \frac{3}{4} \times 270 = 607^g,5.$$

2° Multiplions membre à membre les deux mêmes équations (1) et (2) ; on obtient

$$\frac{3}{16} V^2 d_1 d_2 = 270 P',$$

et, en remplaçant $d_1 d_2$ par sa valeur numérique 0,8748, puis P′ par 607,5, on a

$$\frac{3}{16} V^2 \times 0,8748 = 270 \times 607,5,$$

égalité d'où l'on tire V ; on trouve

$$V = 1000^{cm^3}, \text{ soit 1 litre.}$$

19. *Un pèse-acides Baumé s'enfonce jusqu'au 0 de sa gradua-tion dans l'eau pure, et jusqu'à la division 66 dans l'acide sulfu-rique de densité 1,843.*

Si la tige de cet appareil porte 75 divisions, on demande de calculer :

1° Le volume de son renflement, immédiatement au-dessous de la dernière division du bas de la tige (y compris la boule qui contient le lest), en prenant, pour unité de volume, le volume cor-respondant à une division de la tige ;

2° La densité d'un liquide dans lequel il s'enfoncerait jusqu'à la division 36.   (Éc. d'Arts et Métiers, 1905.)

1re Solution. — 1° Soient V le volume cherché, v le volume d'une division et M la masse de l'appareil.

On peut écrire, en appliquant le principe des corps flottants et en remarquant que, dans l'eau, le volume immergé est $V + 75v$, dans l'acide $V + 75v - 66v$ et dans le liquide de densité inconnue $V + 75v - 36v$:

dans l'eau, $M = (V + 75v) \times 1,$ (1)
dans l'acide, $M = (V + 9v) \times 1,843,$ (2)
dans le liquide de densité $x,$

$$M = (V + 39v)x.$$ (3)

La comparaison des équations (1) et (2) donne le rapport $\dfrac{V}{v}$ qui a pour valeur $\dfrac{V}{v} = 69,291,$

et, par suite, si v est égal à 1, la valeur de V est 69,291.

2° En comparant les équations (1) et (3) on obtiendra l'équation $V(x - 1) = v(75 - 39x);$

et, en divisant les deux membres par v et en remplaçant $\dfrac{V}{v}$ par 69,291,

$$69,291(x - 1) = 75 - 39x,$$

égalité d'où l'on tire

$$x = 1,332.$$

2° *Solution.* (*L'Éducation mathématique*). — 1° Supposons que le pèse-acides soit transformé en un tube bien calibré de même diamètre que la tige et qu'il ait N divisions égales du 0 jusqu'au bas, chaque division ayant un volume $v.$

On peut alors écrire, en égalant entre eux les poids des liquides déplacés par la portion immergée, correspondant à chaque liquide, eau, acide, etc.,

$$Nv = (N - 66)v \times 1,843 = (N - 36)vx,$$

ou bien

$$N = (N - 66) 1,843 = (N - 36)x.$$ (1)

Les deux premiers membres de cette suite d'égalités donnent

$$N \times 0,843 = 1,843 \times 66,$$

d'où l'on tire

$$N = \frac{121,638}{0,843} = 144,291.$$

Et comme l'aréomètre a 75 divisions jusqu'à l'origine de la boule, le volume V de la dernière partie de cet appareil est

$$V = (144,291 - 75)v = 69,291v.$$

2° La valeur de N portée dans le 1ᵉʳ et le 3ᵉ membre de (1), donne

$$144,291 = (144,291 - 36)x,$$

d'où l'on tire

$$x = \frac{144,291}{108,291} = 1,332.$$

§ VI. — Principe d'Archimède appliqué aux gaz. Correction des pesées. — Aérostats.

20. *Un petit ballon sphérique gonflé d'hydrogène est en équilibre dans un récipient rempli d'air. Il est relié au fond du vase par un fil f exactement vertical et sur lequel il ne tire pas.*

Si l'on verse du mercure dans le vase, on constate que le fil se rompt lorsque la surface libre du mercure s'élève au niveau du centre du ballon.

Calculer la charge sous laquelle a lieu la rupture du fil.

Données : Rayon du ballon : 2ᶜᵐ ;

Poids du litre d'air : 1ᵍ,3 ;

Poids du cm³ de mercure : 13ᵍ,6.

(Éc. d'Arts et Métiers, 1902.)

Sitôt que le mercure atteint le ballon, celui-ci est soumis à l'action de trois forces : la première f, qui est la poussée du mercure, s'exerce verticalement de bas en haut ; la seconde f', qui est la poussée de l'air, de même sens que la précédente ; la troisième f'', qui est le poids du ballon, est de sens contraire aux deux autres.

La résultante R de ces trois forces est

$$R = f + f' - f''.$$

Calculons leur valeur au moment de la rupture. Si nous désignons par r le rayon du ballon, on a, en évaluant ces forces

en grammes et en remarquant que la poussée est égale au poids
du fluide déplacé,

$$f = \frac{1}{2} \times \frac{4}{3} \pi r^3 \times 13,6 = 227^g,8707,$$

puis, pour la seconde force, poussée de l'air,

$$f' = \frac{1}{2} \times \frac{4}{3} \pi r^3 \times 0,0013 = 0^g,0217,$$

et, en remarquant que le poids du ballon est égal au poids de
l'air déplacé quand il flotte librement dans le récipient, ainsi
que l'indique l'énoncé,

$$f'' = \frac{4}{3} \pi r^3 \times 0,0013 = 0^g,0434,$$

ce qui donne, pour valeur de R,

$$R = 227,8707 + 0,0217 - 0,0434 = 227^g,849.$$

Autre méthode. — On pourrait encore voir directement que
si on substitue du mercure à l'air où est plongé un volume
$\frac{2}{3} \pi r^3$, cela revient à ajouter à la poussée maintenant l'équilibre
la poussée que produirait sur ce volume un fluide ayant pour
densité la différence des densités du mercure et de l'air :

$$R = \frac{1}{2} \frac{4}{3} \pi r^3 (13,6 - 0,0013).$$

21. *On place sur l'un des plateaux d'une balance un morceau
de fer d'une certaine masse, et on lui fait équilibre, dans l'autre
plateau, avec 500^g. La matière dont les masses marquées sont formées a pour densité 11,3. La densité du fer est 7,7 et un litre
d'air, dans les conditions de l'expérience, pèse 1^g,3.*

Déterminer la masse de ce morceau de fer.

Désignons par M la masse cherchée exprimée en grammes ;
son poids est Mg.

Le poids de l'air qu'elle déplace est

$$\frac{M}{7,7} \times 0,0013g.$$

Le poids apparent de la masse M dans l'air est donc

$$Mg - \frac{M}{7,7} \times 0,0013g.$$

Pareillement, le poids apparent des masses graduées en grammes est

$$500g - \frac{500}{11,3} \times 0,0013g.$$

L'équation d'équilibre sera donc

$$Mg\left(1 - \frac{0,0013}{7,7}\right) = 500g\left(1 - \frac{0,0013}{11,3}\right),$$

équation d'où l'on tire

$$M = \frac{500\left(1 - \dfrac{0,0013}{11,3}\right)}{1 - \dfrac{0,0013}{7,7}} = 500^g,027.$$

22. *Un aérostat sphérique, sans ballonnet, est complètement gonflé au départ. Son enveloppe est parfaitement étanche et inextensible. Son volume est de* 500^{m3}.

La pression atmosphérique est mesurée par une colonne de mercure normal de 76^{cm} ; *la température est* 0°. — *Dans ces conditions, cet aérostat possède une force ascensionnelle de* 20^{kg}, *grâce à laquelle il peut s'élever à une certaine hauteur maximum.*

On demande de calculer la pression atmosphérique à cette hauteur, en admettant que la température s'abaisse de 1° *chaque fois que la pression diminue de* 75^{mm} *de mercure.*

La masse du litre d'air dans les conditions normales est 1^g,293 ; *le coefficient de dilatation de l'air est* 0,00367. — *L'air est supposé sec.*

Dire comment on ferait pour calculer approximativement d'après cela la hauteur de ce point culminant au-dessus du point de départ.

La force ascensionnelle du ballon au départ est égale à la différence de la poussée que l'air lui fait subir et du poids qu'il possède.

Nous avons donc

$$20 = 1{,}293 \times 500 - P,$$

d'où
$$P = 626^{kg}{,}500.$$

A la hauteur maximum, la force ascensionnelle est nulle ; le poids du ballon est donc égal à celui de l'air déplacé. Si x désigne la masse du mètre cube d'air à cette hauteur, on a

$$626{,}500 = 500 \times x,$$

d'où
$$x = \frac{626{,}500}{500} = 1^{kg}{,}253.$$

Mais, en désignant la pression de cet air par h et sa température par $-t$, on a aussi

$$1{,}253 = 1{,}293 \times \frac{h}{760} \cdot \frac{1}{1 - \alpha t}$$

et
$$t = \frac{760 - h}{75},$$

donc

$$1{,}253 = 1{,}293 \times \frac{h}{760} \cdot \frac{1}{1 - 0{,}00367 \dfrac{(760 - h)}{75}},$$

d'où l'on tire

$$h = 735^{mm}{,}6.$$

On peut calculer approximativement la hauteur à laquelle s'est élevé le ballon en remarquant que le poids de la colonne de mercure $760 - 735{,}6 = 24^{mm}{,}40$ doit être égal à celui d'une colonne d'air de même section, ayant pour hauteur la hauteur même d'ascension du ballon.

En admettant que cette colonne a pour densité moyenne la moyenne de ses densités 1,293, 1,253 aux extrémités, nous aurons, en mètres,

$$\frac{x}{24,4} = \frac{13,596}{1,273},$$

d'où
$$x = 260^m \text{ environ.}$$

- (Journal de Vuibert.)

§ VII. — Loi de Mariotte.
Pression atmosphérique. — Pompes. — Siphons.

23. *Un tube de Mariotte de section s, renferme dans sa plus petite branche un volume d'air qui occupe l^{cm} de hauteur, et dont la force élastique F fait équilibre à la pression atmosphérique H et à une hauteur h de mercure. On demande quel poids de mercure il faut verser dans la grande branche pour que le volume d'air soit réduit à $\dfrac{m}{n}$ de sa longueur.*

Application : F = 120^{cm} ; *pression atmosphérique :* H = 76^{cm} ; *section du tube :* s = 1^{cm^2} ; $l = 10^{cm}$; *densité du mercure :* D = 13,6, *et* $\dfrac{m}{n} = \dfrac{3}{5}$.

Calculons d'abord la nouvelle force élastique F' du gaz.

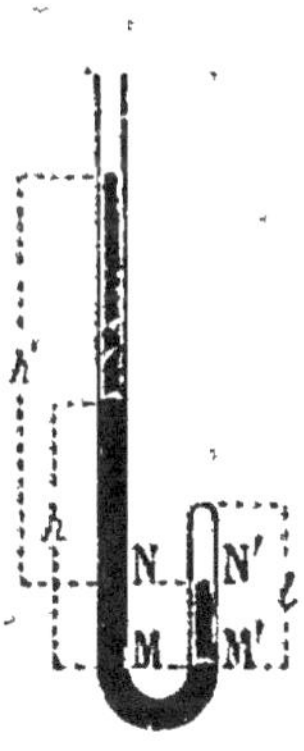

D'après la loi de Mariotte F' est les $\dfrac{n}{m}$ de F, puisque les pressions sont en raison inverse des volumes et que le second volume est les $\dfrac{m}{n}$ du premier.

Cette force élastique F' équivaut à une hauteur h' de mercure augmentée de la pression atmosphérique ; la hauteur x occupée par le mercure versé est donc, ainsi que l'indique la figure,

$$x = h' + MN - (h - M'N'),$$

ou $$x = h' - h + 2\text{M'N'}.$$

D'ailleurs $$h = \text{F} - \text{H}$$

et $$h' = \text{F}' - \text{H} = \frac{n}{m}\text{F} - \text{H},$$

et, en retranchant membre à membre ces deux dernières égalités,

$$h' - h = \frac{n-m}{m}\text{F}. \quad \text{D'autre part,} \quad \text{M'N'} = l - l\frac{m}{n} = l\frac{n-m}{n},$$

ce qui donne, pour valeur de x,

$$x = \frac{n-m}{m}\text{F} + \frac{n-m}{n}2l = (n-m)\left(\frac{\text{F}}{m} + \frac{2l}{n}\right).$$

Le volume occupé par le mercure versé sera sx et son poids $sx\text{D}$.

Application. — Valeur de x :

$$x = (5 - 3)\left(\frac{120}{3} + 2 \times \frac{10}{5}\right) = 88^{\text{cm}}.$$

Masse de mercure : $\quad \text{M} = 1^{\text{cm}^2} \times 88 \times 13,6 = 1\,196^{\text{g}},8.$

24. *Une éprouvette cylindrique de 2^{cm^2} de section repose sur une cuve à mercure très large et contient 50^{cm^3} d'air quand le niveau du mercure est sur le même plan horizontal dans l'éprouvette et dans la cuve. A partir de cette position, on fait les deux expériences suivantes : 1° On soulève l'éprouvette de 10^{cm}; on demande à quelle hauteur s'élèvera le mercure dans l'éprouvette ; 2° On enfonce l'éprouvette de 10^{cm}; quelle est la différence de niveau du mercure dans l'éprouvette et dans la cuve ?*

Pendant ces deux expériences, la hauteur barométrique est 75^{cm}.

La cuve étant très large, on suppose par là que son niveau ne change pas d'une façon appréciable pendant les deux expériences.

1re Expérience. — Le volume d'air au début est de 50^{cm^3}, sa pression 75^{cm} de mercure, et ce volume occupe dans l'éprouvette une hauteur de $\dfrac{50^{cm}}{2}$ ou 25^{cm}. Appelons h la hauteur dont le mercure est monté dans l'éprouvette après la première expérience ; le nouveau volume de l'air est $2(35 - h)$ et sa force élastique $75 - h$. On a donc, en appliquant la loi de Mariotte,

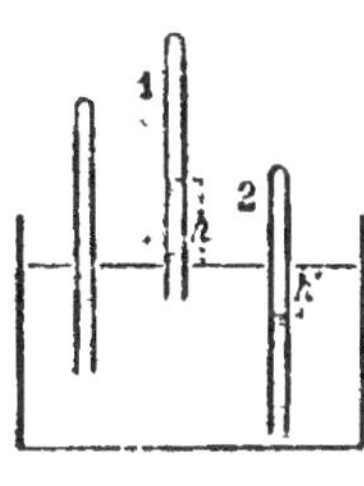

$$50 \times 75 = 2(35 - h)(75 - h),$$

ou
$$h^2 - 110h + 750 = 0,$$

équation dont les racines sont $h_1 = 102,7$ et $h_2 = 7,3$.

Évidemment, la plus petite de ces racines convient seule au problème.

2e Expérience. — Un raisonnement semblable conduit à l'équation

$$50 \times 75 = 2(15 + h')(75 + h'),$$

ou
$$h'^2 + 90h' - 750 = 0,$$

équation dont la racine positive, $x' = 7^{cm},68$, répond à l'énoncé.

25. *Un tube de verre cylindrique AB, fermé en A, ouvert en B, a été renversé sur une cuve à mercure. Il contient une certaine masse d'air ; sa section intérieure est de 4^{cm^2}. — Un fil passant sur une poulie très mobile, O, porte à l'une de ses extrémités un plateau P et à l'autre extrémité le tube AB maintenu dans la position verticale.*

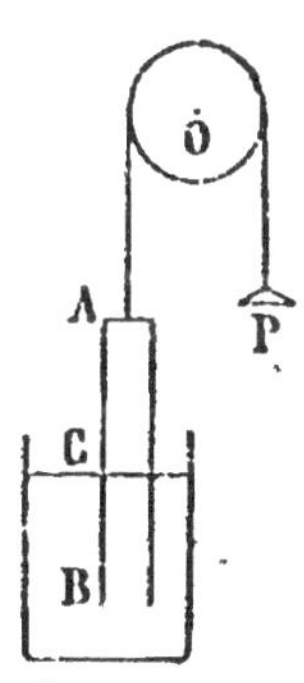

On leste l'appareil de façon que le niveau C du mercure dans le tube et dans la cuve soit le même. La hauteur de la colonne d'air AC est alors de 10 centimètres.

On met dans le plateau P un poids de 1 kilogramme.

On demande de quelle quantité le tube AB montera.

On négligera les effets de la poussée du mercure sur les parois du tube. La pression atmosphérique est 73C*mm*. *La densité du mercure est* 13,5.

(Inst. cath. d'Arts et Métiers de Lille, 1911.)

Soient : l la longueur dont le tube va monter sous l'action du poids de 1^{kg}; f la force élastique de l'air dans le tube ainsi soulevé; h la hauteur dont le mercure s'élèvera dans le tube au-dessus du niveau de la cuvette, supposé invariable.

Le poids de 1 000^g placé dans le plateau P représente la différence des pressions qui s'exercent sur la surface A du tube, extérieurement de haut en bas, intérieurement de bas en haut. Cette différence est égale à la pression atmosphérique diminuée de la force élastique du gaz enfermé dans le tube et de la poussée du mercure sur le tube. En négligeant cette dernière ainsi que l'indique l'énoncé et en exprimant ces pressions en grammes,

on a $$1\,000 = (73 - f)13,5 \times 4,$$

et comme $$f = 73 - h,$$

il vient $$1\,000 = h \times 13,5 \times 4, \tag{1}$$

d'où $$h = 18^{cm},5.$$

Appliquons maintenant la loi de Mariotte à la masse de gaz :

$$4 \times 10 \times 73 = 4(l + 10 - 18,5)(73 - 18,5), \tag{2}$$

équation qui donne pour l la valeur

$$l = 219^{mm}.$$

REMARQUE. — L'équation (1) montre que le poids de 1^{kg} sert (à la poussée du mercure près) à maintenir soulevée dans le tube au-dessus de la cuvette la colonne de mercure de 4$^{cm^2}$ de base et de 18^{cm} de hauteur : on aurait pu le prévoir *a priori*.

26. *Un tube recourbé à deux branches cylindriques T et t, de sections S et s, contient du mercure ; dans la branche large T,* *le mercure est surmonté d'une couche d'air A à la pression atmosphérique, limitée par un piston obturateur mobile dont le poids est constamment équilibré. On charge alors le piston avec un poids P. Que se passe-t-il ?*

On demande de calculer :

1° La pression de l'air contenu dans la grande branche T lorsque le nouvel équilibre sera établi ; on exprimera cette pression d'abord en centimètres de mercure, puis en atmosphères ;

2° Le déplacement qu'a subi le piston pour atteindre sa nouvelle position d'équilibre ;

3° L'ascension correspondante du mercure dans la branche t.

Données :

$$P = 35^{kg} ;$$
$$S = 12^{cm^2},80 ;$$
$$s = 0^{cm^2},25 ;$$
$$l = 0^{m},15 ;$$

Poids d'un cm³ de mercure : $13^{g},60$.

(Éc. d'Arts et Métiers, 1904.)

Appelons p la pression atmosphérique sur un centimètre carré. Lorsqu'on charge le piston avec le poids P, le mercure descend dans le tube T d'une hauteur $M_1M_2 = y$, et il monte dans le tube t d'une hauteur z au-dessus du niveau primitif m_1.

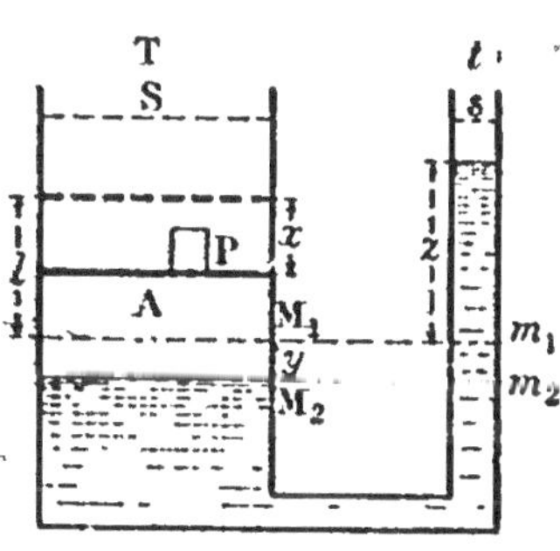

Écrivons que les pressions sont égales sur le plan horizontal de séparation M_2m_2 ; on a, en désignant par d la densité du mercure,

$$p + \frac{P}{S} = p + (z + y)d,$$

d'où

$$(z + y)d = \frac{P}{S}. \qquad (1)$$

1° *Force élastique de l'air.* — La force élastique de l'air enfermé entre le piston et le mercure est égale à $p + \dfrac{P}{S}$; en prenant pour valeur de p la valeur de la pression atmosphérique normale, soit 1033^g, cette force élastique évaluée en centimètres de mercure a pour valeur

$$\frac{p + \dfrac{P}{S}}{d} = \frac{1033 + \dfrac{35\,000}{12,8}}{13,6} = 277^{cm}.$$

Évaluée en atmosphère, elle a pour valeur (1 atmosphère est représentée par 76^{cm} de mercure)

$$\frac{277}{76} = 3^{atm},64.$$

2° *Déplacement du piston.* — Au début, le volume de l'air est lS sous la pression p ; il devient ensuite $(l - x + y)S$ sous la pression $p + \dfrac{P}{S}$; on a donc, d'après la loi de Mariotte,

$$lp = (l - x + y)\left(p + \frac{P}{S}\right). \tag{2}$$

Comme le volume de mercure passé dans la petite branche t est égal au volume de mercure disparu de la branche T, on a

$$sz = Sy. \tag{3}$$

La valeur de z tirée de cette égalité et portée dans l'équation (1) donne

$$\frac{P}{Sd} = y\left(\frac{S}{s} + 1\right). \tag{4}$$

La valeur de y tirée de cette nouvelle équation et portée dans l'équation (2) donne

$$lp = \left(l - x + \frac{Ps}{Sd(S + s)}\right)\left(p + \frac{P}{S}\right),$$

et, en remplaçant les lettres par leurs valeurs, on a finalement la valeur de x : $\qquad x = 14^{cm},7.$

3° *Ascension z du mercure.* — La valeur de z s'obtiendra en éliminant y entre les équations (3) et (4) ; en les divisant membre à membre, il vient

$$\frac{Ss\,dz}{P} = \frac{S}{\dfrac{S}{s}+1},$$

ou

$$\frac{dz}{P} = \frac{1}{S+s},$$

et enfin

$$z = \frac{P}{d(S+s)},$$

soit, en valeur numérique,

$$z = \frac{35\,000}{13,6(12,8+0,25)} = 197^{\mathrm{cm}},2.$$

27. *Un baromètre à siphon contient de l'air dans la chambre barométrique. La différence des hauteurs des niveaux est d'abord de* 56^{cm}. *On enlève du mercure de la petite branche jusqu'à ce que le volume de la chambre barométrique soit doublé ; la différence de niveau est alors* 65^{cm},5. *Déduire de ces données la pression atmosphérique au moment de ces expériences.*

Soit H la pression atmosphérique cherchée et f la pression primitive de l'air dans la chambre barométrique ; la pression H faisait d'abord équilibre à 56 centimètres de mercure augmentés de la force élastique de l'air représentée par f centimètres.

On a donc $$H = 56 + f. \tag{1}$$

Quand le volume d'air a doublé, sa pression est devenue $\dfrac{f}{2}$, et on a de même

$$H = 65,5 + \frac{f}{2}, \qquad \text{ou} \qquad 2H = 131 + f. \tag{2}$$

On tire des deux équations (1) et (2), retranchées membre à membre, $$H = 131 - 56 = 75^{\mathrm{cm}}.$$

28. *On place un corps sous la cloche d'une machine pneumatique. La pression initiale est* 76^{cm}; *elle devient* 19^{cm} *après deux coups de piston. Quel est le volume* v *du corps.*

Volume de la cloche : 2 litres ; volume du corps de pompe : $0^l,5$.

Au début, l'air occupe un volume $(2 - v)$ sous la cloche ; quand on soulève le piston son volume est $2,5 - v$, et sa force élastique h_1 est donnée par la loi de Mariotte :

$$76(2 - v) = h_1(2,5 - v),$$

d'où
$$h_1 = \frac{76(2 - v)}{2,5 - v}.$$

Le piston étant rabaissé, on a dans le récipient une nouvelle masse d'air de volume $2 - v$ à la pression h_1, et cette masse occupe un volume $2,5 - v$ à la pression 19 quand le piston est remonté pour la seconde fois ; on a, comme précédemment,

$$19 = \frac{h_1(2 - v)}{2,5 - v} = \frac{76(2 - v)^2}{(2,5 - v)^2}.$$

On tire de cette équation, en divisant les deux membres par 19,

$$4(2 - v)^2 = (2,5 - v)^2,$$

et, comme $2,5 - v$ et $2 - v$ sont positifs, on a, en extrayant la racine carrée des deux membres,

$$2(2 - v) = 2,5 - v,$$

d'où
$$v = 1,5.$$

29. *Le corps de pompe d'une machine pneumatique a* 6^{cm} *de diamètre et* 20^{cm} *de hauteur ; la limite du vide est de* 1^{mm} *de mercure. On demande le volume de l'espace nuisible, et, en supposant parfaitement planes la surface inférieure du corps de pompe et la surface inférieure du piston, quelle est la hauteur de la colonne d'air dans l'espace nuisible. La pression extérieure est* 76^{cm} *de mercure pendant l'expérience.*

Dès que la machine ne fonctionne plus comme machine à faire le vide, l'air compris dans l'espace nuisible, à la pression atmosphérique, acquiert une force élastique égale à celle de l'air du récipient lorsque le piston est complètement soulevé dans le corps de pompe.

Soit donc v le volume de l'espace nuisible ; on a (loi de Mariotte)

$$v \times 760 = \pi \times 3^2 \times 20 \times 1,$$

équation d'où l'on tire

$$v = \frac{3,1416 \times 180}{760} = 0^{cm^3},744.$$

Ce volume est celui d'un cylindre de hauteur h et de section πr^2 ; donc

$$\pi \times 3^2 \times h = \frac{\pi \times 3^2 \times 20 \times 1}{760},$$

d'où
$$h = \frac{20}{760} = 0^{cm},026.$$

30. *On veut comprimer de l'air dans un réservoir de 2 litres de capacité et déjà rempli de gaz à la pression extérieure, à l'aide d'une pompe dont le corps a un volume de $0^l,25$. Cet air est emprunté à l'atmosphère, le baromètre marquant 76^{cm}. Calculer la pression dans le réservoir après 30 coups de piston. On évaluera cette pression en kilogrammes. Densité du mercure, 13,6.*

A chaque coup de piston, on introduit dans le réservoir une masse d'air qui occupait primitivement un volume de 0 ,25 sous la pression 1^{atm} ; il occupe dans le réservoir le volume 2^l sous la pression p_1, donnée par la loi de Mariotte :

$$0,25 \times 1 = 2p_1,$$

d'où
$$p_1 = \frac{0,25}{2}.$$

D'après la loi du mélange des gaz, cette pression s'ajoute à la pression primitive du gaz enfermé dans le réservoir ; donc, après un coup de piston, la pression vaut, en atmosphères,

$$1 + \frac{0,25}{2} \text{ atm.}$$

Au bout de 30 coups de piston elle sera de

$$1 + \frac{30 \times 0,25}{2} = 4^{atm},75.$$

Pour avoir cette pression en kilogrammes par cm², exprimons d'abord en kg la valeur de la pression atmosphérique ; celle-ci est équivalente au poids d'une colonne de mercure de 1^{cm^2} de section et de 76^{cm} de hauteur, soit à

$$76^{cm^3} \times 13,6 = 1033^g,6,$$

et, par suite, $4^{atm},75$ équivalent à

$$1^{kg},0336 \times 4,75 = 4^{kg},906.$$

31. *Dans une pompe aspirante, la longueur utile du corps de pompe est $0^m,50$, la section 2^{dm^2} ; la longueur du tuyau d'aspiration est de 5 mètres, comptés du bas du corps de pompe au niveau de l'eau du puits, niveau que l'on suppose constant. Calculer la section que doit avoir le tuyau d'aspiration pour que le premier coup de piston amène l'eau au bas du corps de pompe. On suppose qu'à l'origine le niveau est le même dans le tuyau et dans le réservoir.*

Valeur de la pression atmosphérique en hauteur d'eau : $10^m,33$.

Le problème est une application de la loi de Mariotte. — On a d'abord un volume $(s \times 500)^{cm^3}$ d'air à la pression 1033 grammes qui, au premier coup de piston, occupe le volume du corps de pompe $(200 \times 50)^{cm^3}$ à la pression $(1033 - 500)$ soit 533^g ; d'où l'équation

$$500s \times 1033 = 200 \times 50 \times 533,$$

qui donne

$$s = \frac{53\,300}{5\,165} = 10^{cm^2},32.$$

C'est la section d'un tuyau cylindrique de 3^{cm},6 de diamètre, comme il est facile de le calculer.

32 *Un siphon transvase un liquide de densité d d'un vase* **A** *dans un récipient clos* **B** *rempli d'air à la pression atmosphérique. Le siphon étant amorcé et le niveau du liquide à transvaser restant constant, on demande le volume de liquide que contiendra le vase* **B** *lorsque l'écoulement s'arrêtera.*

On suppose connus : la section S, *la hauteur h, du vase* **B**, *et la distance l du niveau du liquide du vase* **A** *à l'orifice du vase* **B**.

Désignons par x la hauteur de liquide transvasé dans le vase B, et par a la longueur de la petite branche.

Sitôt l'écoulement interrompu, les pressions sur une tranche 0 de la branche horizontale se font équilibre.

Évaluons ces pressions en grammes.

Soient P^g la pression atmosphérique et F^g la force élastique de l'air du récipient B lorsque l'écoulement s'arrête

Cette force élastique F est donnée par la loi de Mariotte ; le volume primitif de l'air étant Sh et la pression P, le nouveau volume est $S(h - x)$

et l'on a
$$Sh \times P = S(h - x)F,$$

d'où
$$F = \frac{ShP}{S(h-x)} = \frac{Ph}{h-x}. \tag{1}$$

Écrivons maintenant que les pressions qui s'exercent de part et d'autre de la tranche 0 se font équilibre :

$$P - ad = F - d(l + a),$$

ce qui donne, pour valeur de F,

$$F = P + dl,$$

valeur qui portée dans l'équation (1) donne

$$P + dl = \frac{Ph}{h - x},$$

égalité d'où l'on tire x :

$$x = \frac{dlh}{P + dl}.$$

§ VIII. — Problèmes divers sur la Pesanteur et l'Hydrostatique.

33. *On a mélangé* 150^{cm^3} *d'éther avec la quantité d'alcool nécessaire pour avoir* 200^{cm^3} *; on a constaté qu'il a fallu pour cela plus de* 50^{cm^3} *d'alcool, ce qui prouve que le mélange s'effectue avec contraction de volume. Calculer cette contraction, c'est-à-dire le rapport de la diminution de volume à la somme des deux volumes mélangés, sachant qu'une même boule de verre éprouve une poussée de* $22^g,4$ *dans l'éther, de* $25^g,6$ *dans l'alcool et de* 24^g *dans le mélange en question.*

(L'Éducation mathématique.)

Soit n^{cm^3} le volume d'alcool qui entre dans les 200^{cm^3} du mélange et soit x la contraction demandée; on a

$$x = \frac{150 + n - 200}{150 + n}. \tag{1}$$

D'un autre côté, écrivons que le poids du mélange est égal à la somme des poids des liquides mélangés; on aura, en appelant d, d', d'' les densités des deux liquides et du mélange,

$$150d + nd' = 200d'', \tag{2}$$

et, en désignant par V le volume de la boule de verre,

$$Vd = 22,4, \qquad \text{d'où} \qquad d = \frac{22,4}{V},$$

$$V d' = 25,6, \qquad \text{d'où} \qquad d' = \frac{25,6}{V},$$

$$V d'' = 24, \qquad \text{d'où} \qquad d' = \frac{24}{V}.$$

Ces valeurs de d, d' et d'' portées dans l'équation (2) donnent

$$\frac{150 \times 22,4}{V} + \frac{n \times 25,6}{V} = \frac{200 \times 24}{V},$$

d'où
$$n = \frac{200 \times 24 - 150 \times 22,4}{25,6} = 56,25.$$

Cette valeur de n portée dans l'équation (1) permet de trouver la valeur de x ;

$$x = \frac{150 + 56,25 - 200}{150 + 56,25} = \frac{1}{33}.$$

34. *On mélange un poids m de liquide* A *dont la densité est* d *avec un poids* $100 - m$ *de liquide* B *de densité* d' ; *quelle est la densité théorique* Δ *du mélange ?*

Au lieu de trouver cette densité Δ, *la densité trouvée expérimentalement est* D, *supérieure à* Δ ; *quelle est la contraction c éprouvée par le mélange des volumes de* A *et de* B ?

Quand il n'y a pas contraction, le volume du mélange est égal à la somme des volumes de A et de B :

$$\frac{m}{d} + \frac{100 - m}{d} = \frac{100}{\Delta} ;$$

d'où
$$\Delta = \frac{100 d d'}{m d' + (100 - m) d}.$$

Quand il y a contraction, la différence δ entre la somme des volumes et le volume du mélange, c'est-à-dire la diminution de volume, est

$$\delta = \frac{m}{d} + \frac{100 - m}{d'} - \frac{100}{D},$$

formule qu'on peut mettre sous la forme plus homogène

$$\delta = m\left(\frac{1}{d} - \frac{1}{d'}\right) + 100\left(\frac{1}{d'} - \frac{1}{D}\right).$$

Par définition, la contraction c est le rapport de la diminution de volume à la somme des deux volumes mélangés ; on a donc

$$c = \frac{\delta\Delta}{100} = \frac{dd'}{md' + (100 - m)d}\left(\frac{m}{d} + \frac{100 - m}{d'} - \frac{100}{D}\right).$$

35. *On retient, au fond d'un liquide dont la densité est 1,12, une sphère de bois de densité 0,40, puis on l'abandonne à elle-même. On demande de déterminer :*

1° L'accélération du mouvement qu'elle va prendre et le temps qu'elle mettra à arriver à la surface, la profondeur du liquide étant 79^m,45 et l'accélération due à la pesanteur ayant pour valeur 981 C. G. S. ;

2° La vitesse qu'elle possédera à ce moment ;

3° Le rapport de la partie submergée à la partie émergée, une fois l'équilibre établi ;

4° La surcharge qu'il faudrait appliquer à la sphère par unité de volume pour la submerger entièrement.

(L'Éducation mathématique.)

1° Appelons V le volume de la sphère, P son poids et π la poussée exercée par le liquide.

La force qui tend à faire remonter la sphère est $\pi - P$, et l'on a

$$\pi - P = V \times 1,12 - V \times 0,40 = 0,72V.$$

Cette force est constante en grandeur et en direction ; donc, le mouvement de la sphère sera uniformément accéléré ; l'accélération γ qu'elle prendra sous l'action de cette force s'obtiendra en appliquant le principe de la proportionnalité des forces aux accélérations :

$$\frac{\gamma}{g} = \frac{\pi - P}{P} = \frac{0,72V}{0,40V} = \frac{9}{5},$$

d'où
$$\gamma = \frac{9}{5} \times 981 = 1765,8.$$

En appelant t le temps employé par la sphère pour arriver à la surface, on a, en appliquant la formule des espaces $e = \frac{1}{2}\gamma t^2$,

$$t = \sqrt{\frac{2e}{\gamma}} = \sqrt{\frac{2 \times 7915}{1765,8}} = 3 \text{ secondes.}$$

2° La formule des vitesses donne

$$V = \gamma t = 1765,8 \times 3 = 5297^{\text{cm}},4.$$

3° Lorsque la sphère flotte en équilibre sur le liquide, son poids est égal à la poussée ; on a donc, en désignant par v le volume submergé,

$$V \times 0,40 = v \times 1,12,$$

d'où
$$\frac{v}{V} = \frac{0,40}{1,12},$$

relation qu'on peut écrire

$$\frac{v}{V-v} = \frac{0,40}{1,12-0,40} = \frac{5}{9}.$$

$\frac{5}{9}$ est le rapport demandé de la partie submergée à la partie émergée.

4° Soit p la surcharge par unité de volume, nécessaire pour submerger la sphère et la maintenir en équilibre au milieu du liquide ; écrivons encore que le poids nouveau de la sphère ainsi surchargée est égal à la poussée :

$$V \times 0,40 + pV = V \times 1,12,$$

d'où l'on tire $p = 1,12 - 0,40 = 0^g,72$ (par cm³ de la sphère).

36. *Un cylindre métallique plein, de densité* D, *est placé dans un liquide de densité d inférieure à* D ; *la distance du fond du* *cylindre au fond du liquide est H centimètres. Ce cylindre étant abandonné sans vitesse initiale, on demande, connaissant l'accélération g due à la pesanteur, de déterminer :*

1° La loi de son mouvement de chute, abstraction faite de tout frottement de la part du liquide ;

2° Le temps T qu'il mettra pour atteindre le fond du liquide.

Application numérique : $D = 2,5$; $d = 2,4$; $H = 1^m,57$; $g = 981 \frac{cm}{sec^2}$.

1° Le poids du cylindre, exprimé en grammes, est VD; la poussée, également exprimée en grammes, est Vd, poids du liquide déplacé. Le cylindre tombe sous l'action d'une force égale à VD — Vd; or cette force est constante en grandeur et en direction, donc le mouvement de chute est uniformément accéléré.

2° Désignons par γ l'accélération de ce mouvement; la valeur de γ s'obtiendra en appliquant le principe de la proportionnalité des forces aux accélérations :

$$\frac{\gamma}{g} = \frac{V(D - d)}{VD}, \qquad \text{d'où} \qquad \gamma = g\frac{D - d}{D}.$$

Le temps T s'obtiendra par l'application de la formule $e = \frac{\gamma t^2}{2}$ qui devient ici

$$H = \frac{\gamma T^2}{2}, \qquad \text{d'où} \qquad T = \sqrt{\frac{2H}{\gamma}},$$

et enfin

$$T = \sqrt{\frac{2HD}{g(D - d)}}.$$

Application :

$$T = \sqrt{\frac{2 \times 157 \times 2,5}{981 \times 0,1}} = 2 \text{ secondes.}$$

37. *On suspend à un ressort à boudin de volume négligeable une boule pleine pesant* 5^{kg}*, et l'on accroche le système dans un* *récipient clos où l'on comprime ensuite de l'air à la température constante 0°. On demande quelle pression x il faudra réaliser dans le récipient pour que la boule remonte de 5ᵐᵐ.*

Données: 1° Allongement du ressort (proportionnel à la charge) : 1ᶜᵐ par kilogramme ;

*   2° Densité de la boule : 2 ;*

*   3° Masse du litre d'air à 0° et à la pression atmosphérique : 1ᵍ,3.*

(Éc. d'Arts et Métiers, 1903.)

Quand la boule remonte de 5ᵐᵐ, la tension du ressort est diminuée de $\dfrac{1^{kg}}{2}$ ou 500ᵍ. Le volume de la boule est $\dfrac{5^{dm3}}{2}$ ou 2ˡ,5. Remarquons que le système en équilibre est soumis à

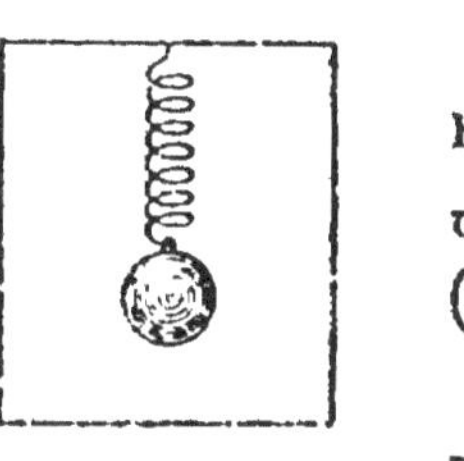

trois forces que nous exprimerons en grammes : le poids du corps, $P = 5\,000$ᵍ ; la tension antagoniste du ressort, Fᵍ ; et la poussée ϖ, qui est égale au poids du volume d'air déplacé par la boule, poids proportionnel à la pression x ; ces deux dernières forces agissent en sens contraire du poids P du corps.

On aura donc $\qquad P = F + \varpi,$

c'est-à-dire :

1ᵉʳ équilibre, $\qquad 5\,000$ᵍ $= F + 2,5 \times 1,3,$

2ᵉ équilibre, $\qquad 5\,000$ᵍ $= (F - 500) + 2,5 \times 1,3 \times x,$

d'où la relation

$$F + 3,25 = F - 500 + 3,25x,$$

et $\qquad\qquad x = \dfrac{503.25}{3,25} = 154^{atm},84.$

38. *Un récipient de 10 litres de capacité, rempli d'air à la pression de 740ᵐᵐ de mercure et à la température de 15°, est en* *communication avec une pompe de compression. La section du cylindre de cette pompe est de 25^{cm^2} et la course du piston de 15^{cm}. Mais quand le piston se trouve au bas de sa course, il est encore éloigné de 5^{mm} du fond du corps de pompe. De plus, le tuyau qui relie la pompe au récipient a une longueur de 1 mètre et une section de 20^{mm^2}.*

On demande de déterminer la pression, en grammes par centimètre carré, sur les parois du récipient, qu'exerce l'air accumulé après 40 coups de piston, en supposant que la compression a élevé la température de cet air de 15 à 35° et que la pression atmosphérique au moment de l'opération était de 740^{mm}.

On prendra $\dfrac{1}{273}$ pour coefficient de dilatation de l'air.

(Éc. d'Arts et Métiers, 1911.)

Nous supposerons que la soupape qui relient l'air du récipient est immédiatement adaptée à ce récipient.

Désignons par C le volume *utile* du corps de pompe, c'est-à-dire le volume correspondant à la course du piston ($C = 25 \times 15 = 375^{cm^3}$). Il apparait aussitôt que la pompe se comporte comme une pompe ayant un espace nuisible réel formé de l'espace situé entre la base inférieure du piston et la base du corps de pompe et du volume du tuyau ; nous désignerons cet espace nuisible par v, et sa valeur numérique sera

$$25 \times 0,5 + 0,2 \times 100 = 32^{cm^3},5.$$

Soit encore R la capacité du récipient et H_0 la pression atmosphérique qui est aussi celle de l'air dans le récipient ; supposons d'abord la température constante.

A *chaque soulèvement* du piston, le corps de pompe C et l'espace de volume v se remplissent d'air à la pression H_0 et cet air refoulé occupe un volume $R + v$ à la pression H donnée par la loi de Mariotte :

$$H = \frac{H_0(C + v)}{(R + v)}. \tag{1}$$

De même, après un refoulement quelconque de l'air dans le récipient, le gaz de celui-ci qui était à la pression H_p par exemple occupe le volume $R + v$ et prend une pression H qui a pour valeur

$$H'_p = \frac{H_p R}{R + v},\qquad(2)$$

et la pression totale H_{p+1}, d'après la loi du mélange des gaz, a pour valeur commune, dans le récipient et dans l'espace nuisible,

$$H_{p+1} = H + H'_p.\qquad(3)$$

Dans cette expression, la valeur H reste constante; on aura les différentes valeurs de H'_p après 1, 2, 3, ... n coups de piston, en faisant successivement, dans l'équation (2), p égal à 0, à 1, à 2, à 3, etc. :

$$H_1 = H + R\frac{H_0}{R + v},$$

$$H_2 = H + R\frac{H_1}{R + v},$$

$$H_3 = H + R\frac{H_2}{R + v},$$

$$\cdots \cdots \cdots \cdots$$

$$H_n = H + \frac{R \cdot H_{n-1}}{R + v}.$$

Remplaçons de proche en proche, dans les seconds membres, H_{n-1}, ..., H_3, H_2, H_1 par leurs valeurs tirées chacune de l'équation précédente ; il vient

$$H_n = H + \frac{R}{R + v}\left\{ H + \frac{R}{R + v}\left[H + \frac{R}{R + v}\left(H + \frac{R}{R + v}\left(\cdots \left(H + \frac{R}{R + v} H_0 \right)\right)\right)\right]\right\},$$

ou

$$H_n = H + \frac{RH}{R+v} + \left(\frac{R}{R+v}\right)^2 H + \left(\frac{R}{R+v}\right)^3 H + \cdots$$
$$+ \left(\frac{R}{R+v}\right)^{n-1} H + \left(\frac{R}{R+v}\right)^n H'_0,$$

soit encore

$$H_n = H\left[1 + \frac{R}{R+v} + \left(\frac{R}{R+v}\right)^2 + \cdots\right.$$
$$\left. + \left(\frac{R}{R+v}\right)^{n-1}\right] + \left(\frac{R}{R+v}\right)^n H_0.$$

La partie située entre crochets est la somme des termes d'une progression géométrique décroissante de raison $\dfrac{R}{R+v}$. Soit S cette somme; elle a pour valeur

$$S = \frac{(R+v)^n - R^n}{v(R+v)^{n-1}}.$$

Si maintenant nous remplaçons H par sa valeur $H_0\dfrac{C+v}{R+v}$, nous avons, en définitive,

$$H_n = H_0\frac{C+v}{v}\left[1 - \frac{R^n}{(R+v)^n}\right] + H_0\left(\frac{R}{R+v}\right)^n.$$

Faisons maintenant

$$n = 40, \qquad H_0 = 74, \qquad C + v = 375 + 32,5 = 407,5,$$
$$R + v = 10032,5;$$

il vient

$$H_{40} = 74\left\{\frac{407,5}{32,5}\left[1 - \left(\frac{10000}{10032,5}\right)^{40}\right] + \left(\frac{10000}{10032,5}\right)^{40}\right\} = 177^{cm},9,$$

et, en désignant par P la pression demandée en grammes quand la température a monté de 15° à 35°, on a

$$P = \frac{H_{40}(1 + 35\alpha)}{1 + 15\alpha} \times 13,6 = \frac{H_{40} \times 13,6 \times 308}{288},$$

ce qui donne, tous calculs effectués,

$$P = 2588 \text{ grammes.}$$

Remarque. — On n'a tenu compte de la température qu'à la fin, bien qu'elle se soit élevée peu à peu durant la compression. En effet, à la fin d'un coup de piston comprimant de l'air dans le réservoir, on peut supposer que la température est la même dans ce réservoir et l'espace nuisible communicants. Il restera donc dans le premier une masse d'air déterminée par le rapport des volumes seulement et la température n'influera pas sur la masse finale de l'air comprimé.

CHALEUR

§ I. — Dilatations des solides et des liquides.

39. *Deux barres, l'une de laiton, l'autre de cuivre, ont à 0° une même longueur de 4^m. On les chauffe toutes deux à la même température ; la différence des longueurs est alors 0^m,004.*

Déterminer la température à laquelle les barres ont été portées et leur allongement respectif.

Coefficient de dilatation linéaire du laiton : 0,000 018 782 ;

Coefficient de dilatation linéaire du cuivre : 0,000 017 182.

Soient l la longueur de la barre de laiton, l', celle du cuivre à $t°$. Appelons d la différence $l - l'$ des deux barres à $t°$.

On a
$$l = l_0(1 + \lambda t),$$
et
$$l' = l_0(1 + \lambda' t),$$
d'où
$$l - l' = d = l_0 t(\lambda - \lambda') ;$$
par suite,
$$t = \frac{d}{l_0(\lambda - \lambda')},$$

et, d'après les valeurs numériques de l'énoncé,

$$t = \frac{0.004}{4 \times 0,000\,001\,6} = 625°.$$

L'accroissement de la barre de laiton est $l - l_0$, et, puisque $l = l_0(1 + \lambda t)$, cet allongement a pour valeur

$$l - l_0 = l_0 \lambda t = 4 \times 625 \times 0,000\,018\,782 = 0^m,046\,955.$$

L'allongement de la barre de cuivre est $l' - l_0$, soit

$$l' - l_0 = l_0 \lambda' t = 4 \times 625 \times 0{,}000\,017\,182 = 0{,}042\,955.$$

40. *Dans un tube de fer on introduit un morceau de platine, et on achève de le remplir avec du mercure.*

1° Quel doit être le rapport du poids de platine au poids de mercure pour qu'à toute température le mercure, sans qu'aucune partie ne s'écoule, remplisse toujours le tube?

2° A quelle condition doit satisfaire le système des trois corps pour que le problème soit possible ?

Application : Si le tube à 0° a 2$^{cm^2}$ de section et 75^{mm} de long, calculer les poids du platine et du mercure qu'on devrait y introduire pour se trouver dans les conditions ci-dessus.

On donne :

Densité du platine : $d' = 21{,}2$;

Densité du mercure : $\delta = 13{,}6$;

Coefficient de dilatation linéaire du fer : 0,000 011 8 ;

Coefficient de dilatation linéaire du platine : 0,000 008 8 ;

Coefficient de dilatation absolue du mercure: $\alpha = 0{,}000\,18$.

On sait que le coefficient de dilatation cubique d'un corps est, très approximativement, le triple de son coefficient de dilatation linéaire.

(Éc. d'Arts et Métiers, 1910.)

Désignons par k le coefficient de dilatation cubique du fer; k' celui du platine ; par d et d', les densités correspondantes ; par α, le coefficient de dilatation du mercure et par δ, sa densité.

Soient encore V le volume intérieur du cylindre de fer, V' celui du platine, φ celui du mercure.

1° Écrivons qu'à une température quelconque t, le volume du contenant est égal à celui du contenu :

$$V(1 + kt) = V'(1 + k't) + \varphi(1 + \alpha t),$$

vol. du fer   vol. du platine   vol. du mercure

équation qui, simplifiée, devient

$$V k = V'k' + \varphi\imath,$$

et, comme

$$V = V' + \varphi,$$

$$(V' + \varphi)k = V'k' + \varphi\imath,$$

ou encore,

$$V'(k - k') = \varphi(\imath - k),$$

et, en désignant par M' et π les masses de platine et de mercure,

$$\frac{M'}{d'}(k - k') = \frac{\pi}{\delta}(\alpha - k).$$

On tire de cette égalité le rapport demandé :

$$\frac{M'}{\pi} = \frac{d'(\alpha - k)}{\delta(k - k')}.$$

2° Pour que le problème soit possible, il faut que le rapport $\dfrac{M'}{\pi}$ soit positif, ce qui entraine la condition

$$\alpha > k > k'$$

ou bien la condition

$$\alpha < k < k'.$$

Ces deux conditions expriment simplement que le coefficient de dilatation du corps servant d'enveloppe doit être intermédiaire entre les coefficients de dilatation des deux corps contenus.

L'un de ces deux corps étant un liquide, son coefficient de dilatation est supérieur à celui de l'enveloppe. Donc le second corps contenu doit avoir un coefficient de dilatation inférieur à celui du corps formant l'enveloppe.

Application : Les valeurs numériques des trois coefficients sont $\alpha = 0,00018$, $k = 0,0000354$ et $k' = 0,0000264$.

Le rapport $\dfrac{V'}{\varphi}$ des volumes de platine et de mercure a pour valeur numérique

$$\frac{V'}{\varphi} = \frac{\alpha - k}{k - k'} = \frac{(0,00018 - 0,0000354)}{(0,0000354 - 0,0000264)} = 16,666,$$

et le volume $\varphi + V'$ est égal au volume du cylindre $2 \times 7,5$, d'où
$$\varphi + V' = 15.$$

De ces deux égalités on tire
$$\varphi = 0,88 \quad \text{et} \quad V' = 14,12,$$

et les poids correspondants seront :

pour le platine : $14,12 \times 21,2 = 299\ ,36,$

pour le mercure : $0,88 \times 13,6 = 11\text{\textit{s}},96.$

41. *Un baromètre anéroïde bien gradué marque* 768^{mm} ; *au même instant et au même lieu, un baromètre à mercure marque* 770^{mm}. *Sachant que le coefficient de dilatation absolue du mercure est* $0,000\,18$ *et le coefficient de dilatation linéaire de l'échelle* $0,000\,018$, *on demande le degré de température du milieu où se trouvent ces instruments.*

La température n'a pas d'influence sur le baromètre métallique ; elle dilate le mercure et l'échelle du baromètre à mercure.

Or 1^{mm} lu sur l'échelle représente à la température t $1 + \lambda t$ millimètres ; les 770^{mm} représenteront donc réellement une hauteur H :
$$H = 770(1 + \lambda t) \text{ millimètres.}$$

On sait d'autre part que les hauteurs du baromètre sont en raison inverse des densités du mercure, c'est-à-dire que l'on a
$$\frac{H_0}{H} = \frac{d}{d_0} ;$$

mais
$$d = \frac{d_0}{1 + \alpha t} ;$$

donc
$$\frac{H_0}{H} = \frac{1}{1 + \alpha t},$$

et, par suite,
$$H_0 = \frac{H}{1 + \alpha t}.$$

D'ailleurs $H_0 = 768$,   et $H = 770(1 + \lambda t)$;

on a donc
$$768 = \frac{770(1 + \lambda t)}{(1 + \sigma t)}$$

et, en se servant de la formule approchée
$$\frac{1 + \lambda t}{1 + \alpha t} \# 1 + t(\lambda - \alpha), \quad (^*)$$

il vient
$$768 = 770(1 - t \times 0{,}000\,162),$$

d'où l'on tire
$$t = \frac{.2}{0{,}12474} = 16°.$$

42. *Le volume compris entre les traits 0 et 100, à 0°, d'un thermomètre à tige est de* 5^{mm^3}; *on demande de calculer le volume du réservoir, sachant que le coefficient de dilatation absolue du mercure est 0,000 18 et que le coefficient de dilatation cubique du verre est 0,000 024.*

Soit V^{mm^3} le volume du réservoir compté jusqu'au 0 de la graduation. Le mercure à 0° occupe ce volume V, et à 100° il occupera un volume
$$V(1 + 100 \times 0{,}000\,18).$$

Ce volume est aussi celui du thermomètre jusqu'au point 100, à la température de 100°; d'une autre façon, le volume du contenant est, à 100°,
$$(V + 5)(1 + 100 \times 0{,}000\,024). \quad .$$

Écrivons l'égalité: volume du contenant = volume du contenu:
$$(V + 5)(1 + 0{,}0024) = V(1 + 0{,}018);$$

de cette équation nous tirons la valeur de V:
$$V = 321^{mm^3}.$$

43. *Le mercure contenu dans un thermomètre pèse* $16^g,32$. *A partir du point 0 correspondant à la glace fondante, on a tracé*

(*) Le signe $\#$ se lit : *approximativement, ou sensiblement égal à.*.

arbitrairement sur la tige de l'appareil des divisions égales de 1^mm, et on suppose que la section, partout la même, du tube capillaire est de $\frac{1}{8}$ de millimètre carré. Si, plongeant ce thermomètre dans l'eau chaude, le mercure s'élève jusqu'à la division 60, on demande de déterminer la température de cette eau.

On donne :

Densité du mercure : $d = 13,6$;

Coefficient de dilatation absolue du mercure : $\mu = 0,000\,18$;

Coefficient de dilatation cubique du verre : $k = 0,000\,023\,4$.

(Éc. d'Arts et Méliers, 1909.)

Le volume du mercure à 0° est

$$\frac{16,320}{13,6} = 1\,200^{mm^3}.$$

C'est aussi le volume qui occupe le réservoir et la tige jusqu'au zéro. Soit t la température cherchée ; écrivons qu'à cette température le volume du mercure est égal à celui du verre jusqu'à la division 60 :

$$1\,200(1 + \mu t) = \left(1\,200 + \frac{60}{8}\right)(1 + kt),$$

et, en remplaçant μ et k par leurs valeurs respectives,

$$1\,200(1 + 0,000\,18 t) = (1\,200 + 7,5)(1 + 0,000\,023\,4\,t),$$

équation d'où l'on tire

$$t = 40° \text{ à un dixième près par excès.}$$

Autre méthode. — Le coefficient de dilatation apparente du mercure dans le verre est égal à la différence

$$0,000\,18 - 0,000\,023\,4,$$

soit $0,000\,156\,6$. Écrivons que l'augmentation de volume apparent à $t°$ est égale à la dilatation apparente du mercure dans le verre :

$$1\,200 \times 0{,}000\,156\,6\,t = \frac{60}{8},$$

d'où
$$t = \frac{7{,}5}{0{,}187\,92} = 39°{,}9.$$

44. *La densité du platine est* 22 ; *son coefficient de dilatation cubique est* $\dfrac{1}{38\,900}$; *la densité du mercure est* 13,60, *son coefficient de dilatation* $\dfrac{1}{5\,550}$. *Quel effort faudra-t-il faire pour soutenir dans le mercure à* 30°, *un morceau de platine pesant* 4kg *dans le vide? On exerce cet effort au bout d'un levier dont le bras est* 0m,25 ; *quelle serait, en dynes, la force à exercer au bout de l'autre bras de levier qui a* 0m,70 ?

(Éc. d'Arts et Métiers de Reims, 1910.)

1° Désignons par P le poids réel du morceau de platine, par p la poussée et exprimons ces forces en grammes. L'effort à exercer sera $P - p$; cet effort est égal au poids apparent du métal dans le mercure.

Soient D la densité du platine, d celle du mercure, k et m leurs coefficients de dilatation, $t°$ la température.

Le volume du mercure déplacé par le platine à $t°$ sera
$$\frac{P(1 + kt)}{D},$$

et le poids du mercure déplacé, c'est-à-dire la poussée p, aura pour valeur le produit de ce volume par la densité du mercure à $t°$; on a donc
$$p = \frac{P(1 + kt)}{D} \times \frac{d}{1 + mt},$$

Par suite, l'effort à exercer sera
$$P - p = P - \frac{Pd}{D}\left(\frac{1 + kt}{1 + mt}\right) = P\left[1 - \frac{d}{D}\left(\frac{1 + kt}{1 + mt}\right)\right].$$

En remplaçant les lettres par leurs valeurs tirées de l'énoncé, il vient

$$P - p = 4\left(1 - \frac{13,6}{22} \times \frac{1 + \dfrac{30}{38\,900}}{1 + \dfrac{30}{5\,550}}\right),$$

$$P - p = 1^{kg},552.$$

2° En appliquant la loi de l'équilibre du levier, on aura, en désignant par F la force cherchée,

$$25 \times 1\,552 = 70 \times F,$$

d'où
$$F = 554^{g},3,$$

et, comme un gramme-poids vaut à Paris 981 dynes,

$$F = 554^{g},3 \times 981 = 543\,768 \text{ dynes}.$$

45. *Un piston cylindrique en fer* P *peut se mouvoir exactement dans un cylindre creux, vertical,* C, *de même substance et de section intérieure* S_0 *à* 0°. *Sous le piston se trouve enfermée une masse* M *de mercure ; le piston est chargé d'un corps tel que la somme des deux masses soit* M'.

Le corps de pompe et son contenu, primitivement à 0°, *sont portés à la température* T°. *Connaissant le coefficient de dilatation cubique du mercure* m, *sa densité* D_0 *et le coefficient de dilatation linéaire du fer*

$$f = \frac{\text{coeff. de dil. superficielle}}{2} = \frac{\text{coeff. de dil. cubique}}{3},$$

calculer :

1° *Le déplacement en centimètres du piston cylindrique sous l'influence de la dilatation du mercure et de son enveloppe ;*

2° *La portion* W *du travail extérieur de la dilatation correspondant à ce soulèvement du piston (c'est-à-dire indépendant du travail nécessaire pour soulever la colonne atmosphérique qui pèse sur le piston). On exprimera ce travail en ergs puis en kilogrammètres.*

Application numérique :

$M = 27^{kg},2 ;\qquad M' = 200^{kg} ;\qquad S_0 = 200^{cm^2} ;\qquad D_0 = 13,6 ;$

$m = 0,000\,18 ;\qquad f = 0,000\,012 ;\qquad T = 300°.$

(Inst. cath. d'Arts et Métiers de Lille, 1906.)

1° Le volume du mercure à 0° est $\dfrac{M}{D_0}$; il devient, à T°,

$$\frac{M}{D_0}(1 + mT).$$

La surface du même liquide est, à T_0, celle de la section du cylindre ou encore celle de la base du piston à cette température, c'est-à-dire

$$S_0(1 + 2fT),$$

et la hauteur h de ce mercure a pour valeur le quotient de son volume par cette surface :

$$h = \frac{M}{D_0 S_0}\left(\frac{1 + mT}{1 + 2fT}\right).$$

La dilatation Δ du mercure en hauteur sera la différence entre sa hauteur à T° et sa hauteur à 0°, soit

$$\Delta = \frac{M}{D_0 S_0}\left(\frac{1 + mT}{1 + 2fT}\right) - \frac{M}{D_0 S_0} = \frac{MT}{D_0 S_0}\left(\frac{m - 2f}{1 + 2fT}\right) ;$$

Δ est aussi la hauteur dont aura monté verticalement la base inférieure du piston.

2° Le travail extérieur effectué par la dilatation sert à la fois à soulever le piston et la colonne d'air qui pèse sur sa base supérieure. Cette colonne est soulevée non seulement de la hauteur Δ dont s'est dilaté le mercure, mais aussi de la hauteur dont s'est dilaté le piston ; l'énoncé ne demande que la valeur du travail correspondant au soulèvement du piston par le mercure.

Pour exprimer ce travail en ergs, il faut exprimer les forces en dynes et le déplacement en centimètres. On sait que 1_g vaut à Paris 981 dynes; on a donc, en exprimant M' en grammes,

$$W = M'g\Delta = M'g \times \frac{MT}{D_0 S_0} \times \frac{m - 2f}{1 + 2fT} \text{ ergs.}$$

Or, 1^{kgm} vaut $981\,000^{dynes} \times 100^{cm}$, soit $9,81 \times 10^7$ ergs, ou encore 9,8 joules; on aura donc le travail en kilogrammètres ou en divisant W par $9,8 \times 10^7$, ou encore en exprimant M' en kilogrammes et Δ en mètres.

Application numérique. — 1° Déplacement vertical de la base inférieure du piston Δ :

$$\Delta = \frac{27\,200 \times 300}{13,6 \times 200} \times \frac{0,000\,18 - 0,000\,024}{1 + 0,000\,024 \times 300} = 0^{cm},464.$$

2° Travail correspondant à ce déplacement :

$$W = 200\,000 \times 981 \times 0,464 = 91\,036\,800 \text{ ergs}$$

et, en kilogrammètres,

$$W = \frac{91\,036\,800}{9,81 \times 10^7} = 0^{kgm},928,$$

nombre qu'on peut obtenir directement en multipliant

$$200^{kg} \times 0^{m},001\,64.$$

46. *Un tube de Torricelli, cylindrique et vertical, suspendu à l'un des plateaux d'une balance, plonge par son extrémité inférieure dans du mercure, en sorte que la distance des niveaux intérieur et extérieur mesure la pression atmosphérique. On suppose que, avant chaque lecture, le niveau extérieur est réglé de manière à affleurer toujours au même point du tube. Enfin, à la température initiale, la section intérieure du tube est de 2^{cm^2}.*

1° La température restant la même, comment varie la traction exercée sur le plateau de la balance quand la pression atmosphérique, d'abord correspondante à 75^{cm} de mercure à 0°, s'accroît de 1/100 de cette valeur?

2° La pression conservant sa valeur primitive, comment varie la traction exercée sur le plateau quand la température s'élève de 20° ?

La densité du mercure à 0° est 13,6. Le coefficient de dilatation linéaire du verre formant le tube est 0,000 007.

(On regardera comme négligeab'es les variations des poussées subies selon le principe d'Archimède, dans l'air ou dans le mercure.)

(Journal de Vuibert.)

1° Les variations de poussée dans l'air et dans le mercure étant considérées comme négligeables, la variation de traction est due au poids de mercure entré dans le tube pendant l'augmentation de pression.

Exprimée en grammes, cette variation est de

$$2 \times \frac{75}{100} \times 13,6 = 20^{\mathrm{g}},40.$$

2° Dans ce cas, la pression conserve sa valeur primitive, elle est donc toujours par cm² de $(75 \times 13,6)^{\mathrm{g}}$. Le tube se dilatant, sa section augmente, et la variation de traction est due à la pression subie par l'accroissement de surface de la section.

Le coefficient de dilatation superficielle du verre est sensiblement $2 \times 0,000007$; la section du tube a donc augmenté de

$$2(1 + 2 \times 0,000007 \times 20) - 2 = 0^{\mathrm{cm^2}},00056.$$

L'augmentation de traction est par suite

$$0,00056 \times 75 \times 13.6 = 0^{\mathrm{g}},571.$$

REMARQUE. — On vient de voir que l'appareil précédent est bien plus sensible à la variation de pression atmosphérique qu'au changement de température. Il peut servir à déterminer avec précision la hauteur barométrique.

§ II. — Dilatation des gaz. — Densités des gaz.

47. *On introduit* 1^{kg} *de mercure dans un ballon de verre qu'on ferme ensuite à la lampe. On demande quelle est la capacité de ce ballon à la température de* $0°$ *sachant que le volume occupé par l'air au-dessus du mercure est le même à toutes les températures.*

Coefficient de dilatation cubique du verre: $k = 0,000\,026$;
Coefficient de dilatation cubique du mercure: $\alpha = 0,000\,18$;
Densité du mercure à $0°$ *:* $d = 13,6$.

Soient V_0 et v_0 les volumes respectifs du ballon vide et du mercure à $0°$; à $0°$ l'air renfermé par le ballon a pour volume $V_0 - v_0$.

Écrivons qu'à une température quelconque, la différence des deux volumes du ballon et du mercure est égale à $V_0 - v_0$:

$$V_0(1 + kt) - v_0(1 + \alpha t) = V_0 - v_0,$$

équation qui revient à la suivante :

$$V_0 k = v_0 \alpha,$$

d'où

$$V_0 = \frac{v_0 \alpha}{k}.$$

Remplaçons les lettres par leurs valeurs, en remarquant que $v_0 = \dfrac{1000}{13,6}$; nous aurons

$$V_0 = \frac{1000 \times 0,00018}{13,6 \times 0,000026} = 509^{cm^3}.$$

48. *Un ballon de verre renferme 2 litres de gaz carbonique, la température étant de* $20°$ *et la pression de* 76^{cm} *de mercure. On porte ce ballon à* $220°$ *et on l'ouvre dans l'atmosphère. Déterminer le poids du gaz qui s'échappe du ballon.*

Données : Coefficient de dilatation linéaire du verre :
$\lambda = 0,000\,008\,7$; *densité du gaz carbonique : 1,5 ; coefficient de dilatation du gaz carbonique :* $\alpha = 0,003\,67$.

Soit M la masse du gaz avant l'expérience et M' la masse du gaz restant quand on a ouvert le ballon ; la masse x du gaz sorti sera M — M'.

Or, on a, d'après la formule connue $\quad M = \dfrac{V\,d\,\alpha\,11}{76(1 + \alpha t)}$,

$$M = \frac{2 \times 1,5 \times 1,293 \times 76}{76(1 + 20 \times 0,00367)}.$$

A 220°, le nouveau volume du verre est $\quad 2\dfrac{(1 + 220k)}{1 + 20k} \quad$ ou sensiblement $2(1 + 200k)$, et l'on sait que le coefficient de dilatation cubique est physiquement égal au triple du coefficient de dilatation linéaire ; la masse du gaz restant est donc

$$M' = \frac{2(1 + 200 \times 3 \times 0,0000087) \times 1,5 \times 1,293 \times 76}{76(1 + 220 \times 0,00367)}$$

et, comme x est égal à M — M', on a

$$x = 2 \times 1,5 \times 1,293\left[\frac{1}{1 + 20 \times 0,00367} - \frac{1 + 0,00322}{1 + 220 \times 0,00367}\right]$$

$$x = 1^{k},45.$$

49. *On fait passer un mètre cube d'air, mesuré à 0° et à 760*mm, *successivement dans trois tubes contenant : 1° de la ponce imbibée d'acide sulfurique ; 2° des fragments de potasse ; 3° du cuivre chauffé au rouge. Chaque tube est pesé avant et après l'expérience. Le premier a augmenté de 2*g,43, *le second de 0*g,59 *et le troisième de 297*g,35. *On demande :*

1° *Le degré hygrométrique de l'air employé ;*

2° *Le volume d'anhydride carbonique qu'il contient ;*

3° La densité du résidu gazeux et celle de l'air impur analysé.
Poids atomique du carbone : 12 ; de l'oxygène : 16. Tension
maximum de la vapeur d'eau à 0° : 4^{mm},57.

1° L'augmentation de poids du tube à pierre ponce représente le poids de vapeur d'eau contenu dans l'air expérimenté. L'état hygrométrique E de cet air est le rapport $\frac{f}{F}$ ou encore le rapport $\frac{m}{M}$ du poids de vapeur m contenu dans l'air au poids de vapeur M que cet air contiendrait s'il était saturé ; calculons E par cette dernière formule.

On connait m, cherchons M, en remarquant que la densité de la vapeur d'eau peut se déduire de son poids moléculaire ($H^2O = 18$) : $d = \dfrac{18}{28,8} = \dfrac{5}{8}\cdot$ On a donc

$$M = 1\,000 \times \frac{5}{8} \times 1,293 \times \frac{4^{mm},57}{760} = 4^g,86 ;$$

par suite, $$E = \frac{2,43}{4,86} = \frac{1}{2}\cdot$$

2° L'augmentation de poids du tube à potasse, $0^g,59$, représente la masse de gaz carbonique transformée en carbonate. Le poids moléculaire de CO^2 étant 44 et la molécule gramme 44 représentant $22^l,3$, on aura, pour volume d'anhydride carbonique absorbé, le nombre

$$\frac{22,3 \times 0,59}{44} = 0^l,299.$$

3° Par un calcul semblable, on trouve le volume de vapeur d'eau rapporté aux conditions normales de température et de pression :

$$\frac{22,3 \times 2,43}{18} = 3^l,01,$$

de sorte que le mètre cube d'air contenait un mélange de $3^l,04$

de vapeur d'eau, $0^l,299$ de gaz carbonique et $1000 - 3,309$ ou $996^l,7$ d'air, mélange d'oxygène et d'autres gaz où domine l'azote.

Sur ces $996^l,7$, il y a un volume d'oxygène dont le poids est représenté par l'augmentation du tube de cuivre, soit $297^g,35$; ce volume est égal à

$$\frac{22,3 \times 297,35}{32} = 208 \text{ litres.}$$

Le volume d'azote impur résiduel est la différence

$$996,7 - 208 = 788^l,7.$$

La masse de ces $788_l,7$ est

$$996,7 \times 1,293 - 297,35 = 991^g,38$$

et la densité demandée d de l'azote résiduel est

$$d = \frac{991,38}{788,7 \times 1,293} = 0,97.$$

Le poids du mètre cube d'air analysé est donc

$$2,43 + 0,59 + 297,35 + 991,38 = 1291^g,75$$

c'est-à-dire sensiblement égal au poids d'un mètre d'air pur (1293^g). Sa densité est donc 1 environ.

50. *On sait que l'air contient* 79 °/₀ *d'azote atmosphérique et* 21 °/₀ *d'oxygène; on demande de calculer :* 1° *la pression que chacun de ces gaz exerce dans un 1 litre d'air;* 2° *leurs poids respectifs dans ce même volume, sachant que le rapport du poids m du litre d'azote au poids m' du litre d'oxygène est* $\frac{14}{16}$ *et que le poids du litre d'air est* $1^g,293$.

1° La première question revient à celle-ci : On mélange 700^{cm^3} d'azote à la pression 76 avec 210^{cm} d'oxygène à la même pression, le volume devient égal à 1 litre; quelle est la pression particulière de chaque gaz?

La loi du mélange des gaz donne, pour la pression de l'azote que nous désignerons par x,

$$790 \times 76 = 1\,000x,$$

d'où
$$x = \frac{790 \times 76}{1\,000} = 60^{\mathrm{cm}},04,$$

et, pour la pression y de l'oxygène,

$$210 \times 76 = 1\,000y,$$

d'où
$$y = \frac{210 \times 76}{1\,000} = 15^{\mathrm{cm}},96.$$

2° Le poids P d'un litre d'azote à la pression $60^{\mathrm{cm}},04$ sera, en désignant par m le poids du litre à la pression 76^{cm},

$$P = \frac{m \times 60,04}{76} = \frac{m \times 790}{1\,000} \; ;$$

celui d'un litre d'oxygène P', à la pression 15,96, sera

$$P' = \frac{m' \times 15,96}{76} = \frac{m' \times 210}{1\,000},$$

et, en divisant ces deux dernières égalités membre à membre,

on obtient
$$\frac{P}{P'} = \frac{m \times 79}{m' \times 21} = \frac{14 \times 79}{16 \times 21}.$$

On a d'ailleurs $P + P' = 1,293.$

La résolution de ces deux équations donne les deux valeurs

$$P = 0^{\mathrm{g}},990 \qquad \text{et} \qquad P' = 0^{\mathrm{g}},303;$$

ce qui correspond à un pourcentage en poids de

$$\frac{0,990 \times 100}{1,293} = 76,55 \text{ d'azote.}$$

pour
$$\frac{0,303 \times 100}{1,293} = 23,44 \text{ d'oxygène.}$$

51. *On pèse un ballon vide : on trouve* $1\,452^{\mathrm{g}},465$ *; on le pèse plein d'un gaz sec à la pression* 73^{cm} *de mercure et à* $12°,5$ *de température : on trouve* $1\,465^{\mathrm{g}},118$ *; on sait que la capacité du ballon est* $7^{\mathrm{l}},234$ *à* $12°,5.$ *On demande le poids d'un litre de ce gaz* *et sa densité à 0° et à la pression 76^{cm}. Le gaz et l'air ont le même coefficient de dilatabilité : 0,003 67.*

Soit x le poids en grammes du litre de ce gaz à 0° et à la pression 76^{cm}.

Le poids P de 7^l,234 de ce gaz à 12°,5 et à la pression 73 sera

$$P = \frac{7.234 \times x \times 73}{76(1 + 12,5x)}.$$

Or ce poids est égal à la différence

$$1\,465,418 - 1\,452,465 = 12^g,953.$$

On aura donc

$$\frac{7,234 \times 73 \times x}{76(1 + 12,5 \times 0.00367)} = 12^g,953,$$

d'où l'on tire
$$x = 1^g,949.$$

Par définition, la densité est le rapport des poids d'un même volume de ce gaz et d'air dans les mêmes conditions de température et de pression ; par suite

$$d = \frac{1,949}{1,293} = 1,5.$$

52. *Calculer en centimètres cubes le volume d'un cube d'aluminium ayant un poids apparent de 1^{kg} dans l'air sec d 30° et sous la pression 75^{mm}.*

Coefficient de dilatation de l'aluminium : 0,000 023 ;
Densité de l'aluminium : 2,6.

(Éc. d'Arts et Métiers de Reims, 1907.)

Soient V^{cm3} le volume du cube à 30°, k le coefficient de dilatation cubique du métal, et x le coefficient de dilatation des gaz.

On sait que le poids réel d'un corps plongé dans un fluide est égal à la somme de son poids apparent et de la poussée.

Or, le poids réel du cube est, en grammes, $V_0 d_0$ et, comme
$V_0 = \dfrac{V}{1 + kt}$, il vient

$$\frac{V \times d_0}{1 + kt} = 1000 + \frac{V \times 0.001\,293 \times 750}{760(1 + \alpha t)},$$

et, en remplaçant les lettres par les valeurs données dans
l'énoncé, sachant aussi que la valeur de α est 0,003 67, on a

$$\frac{V \times 2,6}{1 + 30 \times 0,000\,023} = 1000 + \frac{V \times 0,001\,293 \times 75}{76(1 + 30 \times 0,003\,67)},$$

équation qui donne pour V la valeur

$$V = 385^{cm^3},060.$$

Le volume V_0 du cube à $0°$ serait de

$$V_0 = \frac{385,06}{1 + kt} = 384^{cm^3},7.$$

53. *On prépare 3 grammes de gaz carbonique CO_2.*

1° Combien y emploiera-t-on de calcaire ?

*2° On remplit du gaz formé un vase de 5 litres à $0°$. Quelle
pression aura le gaz dans ce récipient ?*

*3° On fait communiquer ce vase avec un manomètre siphon à
air libre, contenant de l'acide sulfurique ; quelle sera la différence des niveaux dans les deux branches du siphon ? La pression
extérieure est 760^{mm}.*

*4° On chauffe le récipient en verre à $10°$ et on sature le gaz par
de l'eau. En supposant le volume du récipient invariable, comment variera le manomètre ?*

*5° La température de $10°$ est donnée par un thermomètre centi-
grade ; que marquerait un thermomètre Fahrenheit dans ces conditions ?*

Poids atomiques : $Ca = 40$; $C = 12$; $O = 16$.

Densités : $CO_2 : 1,53$; $SO_4H_2 : 1,85$; $Hg : 13,6$.

Force élastique de la vapeur d'eau à $10° : 9^{mm},16$.

(Éc. d'Arts et Métiers de Reims, 1908.)

1° La molécule-gramme de calcaire CO^3Ca représente $12 + 48 + 40$ ou 100 grammes ; ces 100^g peuvent donner, soit par la calcination, soit par l'action d'un acide, une molécule CO^2 ou 44^g de ce gaz. Pour produire 3^g de gaz il faudra donc employer un poids p de calcaire égal à

$$p = \frac{100 \times 3}{44} = \frac{75}{11} \text{ grammes.}$$

2° Les 3 grammes de gaz occupent à 0° et à la pression 76 un volume de v litres :

$$v = \frac{3}{1,53 \times 1,293} = 1^l.513.$$

Pour trouver la force élastique f de cette même masse de gaz, à la même température, quand elle occupe 5^l, il suffit d'appliquer la loi de Mariotte :

$$5 \times f = 1,513 \times 76,$$

ce qui donne, pour f, la valeur

$$f = 23^{cm}.$$

3° Si l'on mesure cette tension du gaz à l'aide d'un manomètre à siphon et à air libre, on voit le liquide monter du côté du gaz et s'arrêter à une hauteur h telle que

$$f + h = H,$$

et qui a pour valeur en hauteur de mercure

$$h = 76 - 23 = 53^{cm}.$$

Pour exprimer cette hauteur h en hauteur d'acide sulfurique h'. il suffit d'écrire que les hauteurs des liquides sont en raison inverse de leurs densités dans deux baromètres ou deux manomètres :

$$\frac{h'}{53} = \frac{13,6}{1,85},$$

d'où l'on tire $\qquad h' = 389^{cm},7.$

Par un semblable calcul on trouverait que la force élastique

f' du gaz exprimée en hauteur d'acide a pour valeur

$$f' = \frac{23 \times 13.6}{1,85} = 169^{cm}.$$

4° On chauffe le récipient à 10° et on sature ensuite le gaz de vapeur d'eau; la pression du mélange est alors égale à la somme de la pression du gaz et de la force élastique maximum de la vapeur à cette température.

La tension nouvelle du gaz s'obtiendra en appliquant la formule des gaz parfaits, $\dfrac{VH}{1+\alpha t} = \dfrac{V'H'}{1+\alpha t'}$, qui devient dans le cas présent, le volume restant invariable,

$$\frac{H'}{1+0,00367 \times 10} = 1,69,$$

d'où $\qquad\qquad H' = 1^m,751.$

D'autre part, la tension de la vapeur exprimée en hauteur d'acide est de $\qquad \dfrac{9\ 16 \times 13.6}{1,85} = 67^{mm},$

la pression P dans le récipient sera donc

$$P = 1^m,751 + 0^m,067 = 1^m,818.$$

La pression atmosphérique 76 transformée en hauteur H d'acide sulfurique a pour valeur

$$H = \frac{76 \times 13.6}{1,85} = 5^m,587;$$

donc la nouvelle hauteur du liquide au-dessus du niveau de séparation sera de

$$5^m,587 - 1^m,818 = 3^m,769;$$

en effet, la tension du gaz a augmenté de $175^{cm},1 - 169^{cm}$ soit $6^{cm},1$; cette valeur, ajoutée à la tension de la vapeur $6^{cm},7$ donne $12^{cm},8$, nombre égal à la différence $3^m,897 - 3^m,769$ des hauteurs d'acide, après et avant l'élévation de température.

5° La relation des températures marquées par deux thermomètres identiques gradués l'un en centigrades, l'autre en fahrenheit, l'un marquant C° et l'autre F°, peut s'écrire

$$\frac{C}{F-32} = \frac{100}{180};$$

elle devient ici

$$\frac{10}{F-32} = \frac{100}{180},$$

d'où

$$F = 50.$$

54. *On a deux récipients A et B; le premier, de 1 litre de capacité, contient de l'air à la température de 15° et à la pression de 720ᵐᵐ de mercure; le second, de 2 litres, est également rempli d'air, mais cet air s'y trouve à la température de 20° et à la pression de 4 atmosphères 1/2. On réunit ces deux récipients par un tube, et on ouvre les robinets qui les ferment.*

On demande :

1° De calculer le poids de l'air qui s'est écoulé du récipient B dans le récipient A, lorsque la température dans les deux est devenue égale à celle du milieu ambiant, 15°;

2° De déterminer la pression du gaz, à ce moment, dans les deux vases.

On sait que le poids d'un litre d'air à 0° et à la pression de 760ᵐᵐ est de 1ᵍ,293 et que son coefficient de dilatation est de $\frac{1}{273}$. *On négligera le volume intérieur du tube de communication.*

(Éc. d'Arts et Métiers, 1906.)

Soit V' le volume occupé par l'air du récipient A à la pression finale x. La loi de Mariotte nous donne

$$V' = \frac{720}{x} \text{ litres.}$$

Soit V'' le volume occupé par l'air du récipient B à la pression x et à la température finale 15°. Nous avons, en remarquant que $4^{atm},5 = \frac{9 \times 760}{2}$ mm. de mercure,

$$\frac{2 \times 9 \times 760}{2(1 + 20x)} = \frac{V''x}{(1 + 15x)},$$

d'où

$$V'' = \frac{9 \times 760(1 + 15x)}{x(1 + 20x)} \text{ litres.}$$

Et comme $V' + V'' = 3^l$ nous pouvons écrire

$$\frac{1}{x}\left[720 + \frac{9 \times 760(1 + 15x)}{(1 + 20x)}\right] = 3,$$

d'où

$$x = \frac{720}{3} + \frac{9 \times 760(1 + 15x)}{3(1 + 20x)} = 240 + 2241 = 2481^{mm}.$$

2° Le volume d'air qui s'est écoulé du récipient B dans le récipient A est égal à $V'' - 2$ ou

$$\left(\frac{9 \times 760(1 + 15x)}{x(1 + 20x)} - 2\right) \text{ litres.}$$

D'autre part, le poids du litre d'air à la pression finale x et à 15° est

$$d_{15} = \frac{1,293 \times x}{(1 + 15x)760}.$$

Le poids de l'air qui s'est écoulé de B en A est donc

$$\frac{1,293 \times x}{(1 + 15x)760}\left(\frac{9 \times 760(1 + 15x)}{x(1 + 20x)} - 2\right) = 2^g,840.$$

(Journal de Vuibert.)

§ III. — Chaleurs spécifiques
des solides et des liquides.
Chaleurs de fusion et de vaporisation.

55. *La chaleur spécifique du cuivre est 0,095 ; le coefficient de dilatation linéaire de ce métal est 0,000019 ; son poids spécifique, 8,87 à 0°. On demande quel volume de cuivre à 100° il faut plonger dans 1^{kg} d'eau à 4°, pour que la température du mélange soit 10°.*

L'équation générale relative à la méthode des mélanges donne, en désignant par M la masse de cuivre chauffée à 100°,

$$M \times 0,095(100 - 10) = 1\,000(10 - 4).$$

On en tire la valeur de M :

$$M = \frac{6\,000}{8,55} = 701^g,75.$$

D'autre part, le coefficient de dilatation cubique du cuivre est égal à $3 \times 0,000\,019 = 0,000\,057$ et la densité d de ce métal à 100° est

$$d = \frac{8,87}{1 + (100 \times 0,000\,057)} = \frac{8,87}{1,0057}.$$

Par suite, le volume V du cuivre sera, à cette température,

$$V = \frac{701,75}{d} = \frac{701,75 \times 1,0057}{8,87} = 75^{cm^3},565.$$

56. *Dans un verre contenant 100ᵍ d'eau à 15°, on met un morceau de glace à 0° pesant 5ᵍ. En supposant que toute la chaleur nécessaire pour fondre cette glace ait été empruntée à l'eau, on demande : 1° la température finale du liquide ; 2° la température qu'on aurait obtenue en remplaçant les 5ᵍ de glace par 5ᵍ d'eau à 0°.*

Chaleur de fusion de la glace : 80 calories.

1° Écrivons que la chaleur gagnée par la glace pour passer à l'état liquide à 0°, augmentée de la chaleur gagnée par l'eau de fusion de 0° à $x°$, est égale à la chaleur perdue par les 100ᵍ d'eau en passant de 15° à $x°$:

$$5 \times 80 + 5x = 100(15 - x),$$

d'où
$$x = 10°,5 \text{ par excès.}$$

2° En remplaçant la glace par l'eau on aurait

$$5x = 100(15 - x),$$
$$x = 14°,3.$$

57. *Un morceau de fer pesant 870ᵍ est recouvert d'une couche* de glace à 0°. On plonge le tout dans 1 litre d'eau à 20° et, au bout de quelques instants, la température du mélange se fixe à 6°. On demande quel était le poids de la glace attachée au fer. Chaleur spécifique du fer : 0, 1138 ; chaleur de fusion de la glace : 79^{cal},25.

Exprimons que la quantité de chaleur abandonnée par 1^{kg} d'eau de 20° à 6° a été employée :

1° à amener 870^g de fer de 0° à 6° ;

2° à fondre x^g de glace ;

3° à échauffer x^g d'eau de fusion de 0° à 6° :

$$1000(20 - 6) = 6 \times 870 \times 0,1138 + 79,25x + 6x.$$

On tire x de cette équation :

$$x = 157^g,25.$$

58. On abaisse la température de phosphore liquide jusqu'à 30°, à ce moment on y détermine un commencement de solidification ; on demande si cette solidification sera complète.

La température de fusion du phosphore est 44° ; sa chaleur de fusion, 5,4 ; sa chaleur spécifique à l'état solide ou à l'état liquide, au voisinage de son point de fusion, est 0,2.

Soit m la masse de phosphore soumise à l'expérience.

Pour passer de 30° à 44°, cette masse absorbera

$$m(44 - 30) \times 0,2 = 2,8 \times m \text{ calories.}$$

Supposons que x^g de phosphore se solidifient ; par leur solidification ces x^g dégagent 5,4x calories.

D'après l'énoncé, il doit y avoir égalité entre ces deux quantités de chaleur absorbée et dégagée ; donc

$$5,4x = 2,8m,$$

d'où

$$x = \frac{m}{2}.$$

REMARQUE. — Soit $t°$ la température à laquelle le phosphore devrait se trouver en surfusion pour que la solidification commencée devînt complète ; on aurait alors l'équation

$$m(44 - t)0,2 = 5,4m,$$

d'où l'on tire $\qquad t = 17°.$

59. *Dans quelle proportion faut-il partager 1^{kg} d'eau à 50° pour que la quantité de chaleur que l'une de ses parties abandonnerait en passant à l'état de glace à 0° fut égale à la quantité de chaleur qu'il faudrait communiquer à l'autre partie pour la transformer en vapeur à la température de 100° et sous la pression 760^{mm} de mercure ?*

Chaleur de fusion de la glace : 80 cal.

Chaleur de vaporisation de l'eau : 537 cal.

Soit x la portion d'eau à transformer en glace et y la seconde portion à transformer en vapeur à 100° ; on a d'abord

$$x + y = 1000^g. \qquad\qquad (1)$$

La chaleur abandonnée par x^g se partage comme il suit :

Refroidissement de 50° à 0°. . . . .   50x calories

Solidification à 0°. . . . .   80x —

Total . . . .   130x —

La chaleur absorbée par y^g se partage aussi en deux parties :

Chaleur nécessaire pour échauffer la masse y de 50° à 100°. . . . .   50y calories

Pour la vaporiser. . . . .   537y —

Total . . . .   587y —

On en déduit l'équation

$$130x = 587y. \qquad\qquad (2)$$

En résolvant le système (1), (2), on trouve

$$x = 818^g,7,$$
$$y = 181^g,3.$$

60. *Un vase parfaitement isolé renferme 2^{kg} de glace à $-15°$; on y verse 5^{kg} d'eau à 27°. Comment est constitué le mélange final et quelle est sa température?*

L'équilibre étant atteint, on fait condenser dans le même vase 500^g de vapeur d'eau saturante à 100°. Que devient le mélange et quelle est sa température finale? Enfin quel est le poids de vapeur d'eau saturante à 100° qu'il faudrait condenser, dans l'expérience précédente, pour que finalement le vase ne renfermât que de l'eau à 100°?

On négligera l'échauffement du vase.

Chaleur spécifique de la glace : $0^c,5$.

Chaleur de fusion de la glace : 80^c.

Chaleur de vaporisation de l'eau : 537^c.

(Inst. cath. d'Arts et Métiers de Lille, 1907.)

1° Remarquons d'abord que 5000^g d'eau à 27° peuvent fournir à la glace pour se fondre 5000×27 soit $135\,000^{cal}$ tandis que la fusion de 2000^g de glace à 0° exige 2000×80 ou $160\,000^{cal}$; il faut en conclure que dans la première partie de l'expérience toute la glace n'est pas fondue et que le mélange reste à 0°.

Soit donc x^g le poids de glace fondue; pour passer de $-15°$ à 0° la glace absorbe $2000 \times 0,5 \times 15$ calories et la fusion de x^g de glace exige $80x$ calories.

On aura alors l'équation
$$5000 \times 27 = 2000 \times 0,5 \times 15 + 80x,$$
d'où
$$x = 1500^g;$$
il reste donc dans le mélange $2000 - 1500$, ou 500^g, de glace à 0°.

2° Rien n'indique dans la seconde expérience que l'eau de fusion atteigne une température inférieure ou égale à 100°. Cependant on peut remarquer que 500^g de vapeur abandonnent, en se liquéfiant à 00°,
$$537 \times 500 = 268\,500^{cal},$$

tandis que 500ˢ de glace à 0° et 7 000ˢ d'eau à 0°, provenant et de la fusion, et de l'eau de la première expérience, absorberaient de 0° à 100°

$$80 \times 500 + 7\,000 \times 100 = 740\,000 \text{ calories,}$$

nombre supérieur à 268 500 ; il faut en conclure que le mélange prend une température intermédiaire entre 0° et 100°.

Soit t cette température ; on aura l'équation

Chaleur absorbée par la glace pour se fondre à 0° + chaleur absorbée par l'eau de $t°$ à $t°$ = chaleur cédée par la vapeur en se liquéfiant à 100° + chaleur cédée par l'eau de 100° à $t°$,

C'est-à-dire

$$80 \times 500 + 7\,000 t = 500 \times 537 + 500(100 - t),$$

d'où l'on tire $\qquad\qquad t = 37°.$

3° Soit M la masse de vapeur exigée pour la 3ᵉ expérience ; on aura, semblablement,

$$80 \times 500 + 7\,000 \times 100 = M \times 537,$$

d'où $\qquad\qquad M = 1\,378ˢ \text{ environ.}$

§ IV. — Forces élastiques des vapeurs.
Hygrométrie.

61. *Le tube barométrique d'un baromètre à cuvette très large a une section de* 3ᶜᵐ² *et une longueur de* 1ᵐ *au-dessus du niveau du mercure de la cuvette. A la température de* 10° *et sous la pression de* 760ᵐᵐ *de mercure, on introduit dans ce tube* 0ᵐᵍ,5 *d'eau.*

Sachant que la force élastique maximum de la vapeur d'eau à 10° *est* 9ᵐᵐ,16 *et sa densité* 0,622, *on demande :*

1° De combien baissera le mercure dans le tube ;

2° Quelle sera la hauteur marquée par le baromètre lorsque la pression extérieure s'abaissera à 740ᵐᵐ, *la température restant la même.*

Coefficient de dilatation des gaz: $\alpha = 0,003\,67$; *masse du litre d'air :* $1^g,293$.

1° La longueur x dont baissera le mercure représentera la force élastique de la vapeur d'eau dans le vide. Si la vapeur est saturante, la valeur de x est $9^{mm},16$; mais rien n'indique, *a priori*, qu'il en soit ainsi.

Opérons donc comme si elle n'était pas saturante.

Le volume occupé par la vapeur est, en centimètres cubes,

$$V = (100 - 76 + x)3 = 3(24 + x).$$

D'ailleurs la masse $0^g,000\,5$ de vapeur qui occupe ce volume. V est relié à sa force élastique par la relation $M = \dfrac{Vdaf}{76(1 + \alpha t)}$ qui devient ici

$$0,000\,5 = \frac{3(24 + x)0,622 \times 0,001\,293 \times x}{76(1 + 0,003\,67 \times 10)}.$$

Cette égalité conduit à l'équation

$$x^2 + 24x - 12,56 = 0,$$

dont la racine positive, seule acceptable, a pour valeur

$$x = 0^{cm},5.$$

x étant inférieur à $9^{mm},16$, la quantité d'eau introduite est insuffisante pour saturer la chambre barométrique.

2° La température restant constante, nous pouvons appliquer la loi de Mariotte à cette masse de vapeur.

Le premier volume et la première force élastique étaient respectivement $3(24 + 0,5)$ et $0^{cm},5$.

Le nouveau volume sera $3(100 - 74 + y)$ ou $3(26 + y)$, et la nouvelle force élastique, y. On aura donc

$$3 \times 24,66 \times 0,5 = 3(26 + y)y,$$

ou

$$y^2 + 26y - 12,25 = 0,$$

dont la racine positive est

$$y = 1^{mm},6.$$

Par suite, le baromètre marquera une hauteur H

$$H = 740 - 4,6 = 735^{mm},4 \text{ par excès.}$$

62. *Un récipient de 10 litres de capacité est rempli d'air sec à 0° et sous la pression 760^{mm} de mercure. On y introduit par un robinet 3^g d'eau et on chauffe le tout à 100°. On demande :*
1° quel sera l'état hygrométrique de cet air ; 2° quelle sera la pression totale de cet air humide.

On donne : Poids du litre d'air dans les conditions normales :
1^g,3 ; densité de la vapeur d'eau : $\dfrac{5}{8}$; coefficient de dilatation
des gaz : 0,003 67. On négligera la dilatation de l'enveloppe.

1° L'état hygrométrique peut se trouver ou en cherchant la force élastique f de 3^g de vapeur lorsque cette vapeur occupe un volume de 10 litres à la température de 100° et en appliquant la formule $E = \dfrac{f}{F}$,   car on connaît la valeur F qui est 76^{cm} de mercure à 100°;

Ou bien, on peut déduire cet état hygrométrique de la relation $E = \dfrac{m}{M}$ dans laquelle m est la masse de vapeur contenue dans les 10 litres à 100°, soit 3^g, et M est la masse que contiendraient ces 10 litres si la vapeur était saturante.

Dans la première méthode, on déduit f de la relation
$$m = \frac{Vdaf}{76(1 + \alpha t)} \quad \text{qui devient ici :}$$

$$3 = \frac{10 \times \dfrac{5}{8} \times 1,3 \times f}{76(1 + 100 \times 0,003\,67)},$$

équation d'où l'on tire immédiatement

$$E = \frac{f}{F} = \frac{f}{76} = \frac{3 \times 1,367 \times 8}{10 \times 1,3 \times 5},$$

soit
$$E = \frac{32808}{65000} = 0,505.$$

Dans la 2ᵉ méthode, on a M par la même relation $M = \dfrac{VdoF}{76(1 + \alpha t)}$, qui donne

$$M = \frac{10 \times \dfrac{5}{8} \times 1,3 \times 76}{76(1 + \alpha t)}, = \frac{65}{1,367 \times 8},$$

et, pour valeur de E,

$$E = \frac{m}{M} = 3 : \frac{65}{1,367 \times 8} = \frac{3 \times 1,367 \times 8}{65},$$

et nous arrivons à l'égalité de la 1ʳᵉ méthode, donc au même résultat.

2° La masse d'air humide est la masse d'un mélange d'air sec et de vapeur d'eau.

La force élastique de l'air sera donnée par la loi de Gay-Lussac :

$$VH = \frac{VH'}{1 + \alpha t}.$$

En remplaçant les lettres par leurs valeurs, on a
$$H' = (1 + 100\alpha)760 = 1039^{mm}.$$

La force élastique de la vapeur est, d'après la relation précédente $E = \dfrac{f}{760}$,
$$f = 760 \times 0,505 = 384^{mm},$$

et la force élastique totale équivaut à une hauteur de
$$1039 + 384 = 1423^{mm} \text{ de mercure.}$$

63. *Un réservoir communiquant avec un manomètre est rempli d'air saturé d'humidité à 20° et à 4 atmosphères. On élève la température à 100°. Quelle sera la nouvelle pression de l'air humide ? Le volume du récipient est maintenu constant et on suppose que la densité de la vapeur d'eau varie comme la densité des gaz.*

La force élastique maximum de la vapeur d'eau à 20° est $0^m,017$;

la densité de la vapeur d'eau est $\dfrac{5}{8}$.

(Éc. d'Arts et Métiers de Reims, 1911.)

L'augmentation de pression qu'éprouve la vapeur d'eau, par suite de l'élévation de température du mélange dont elle fait partie, n'est pas suffisante pour lui faire atteindre son point de saturation à 100°. En effet, en appliquant à la vapeur la loi des gaz $\dfrac{VF}{1+\alpha t} = \dfrac{V'F'}{1+\alpha t'}$, on aurait, pour valeur de F',

$$F' = \frac{F(1+\alpha t')}{(1+\alpha t)} = \frac{17(1+100\times 0,00367)}{(1+20\times 0,00367)} = 22^{mm} \text{ environ} ;$$

cette valeur est bien inférieure à la tension de la vapeur à 100° qui est 760^{mm}.

Mais alors le mélange d'air et de vapeur se comporte comme un mélange de gaz et il n'est utile de connaître ni la tension de la vapeur à 20° ni la densité de la vapeur d'eau.

On a immédiatement, en appelant x la pression cherchée,

$$\frac{4}{1+20\times 0,00367} = \frac{x}{1+100\times 0,00367},$$

d'où l'on tire $\qquad x = 5^{atm},1.$

64. *Les dimensions d'une chambre sont $4^m,90$, $5^m,30$, $3^m,10$. L'air qui s'y trouve est à 25° ; son état hygrométrique est 2/3. 1° Quel est le poids de l'eau que l'on obtiendrait par la condensation totale de la masse de vapeur contenue dans la chambre? 2° Si la température de l'air se trouvait abaissée à 4° sans que la chambre changeât de volume, quel serait le poids de l'eau condensée? Quel serait le poids de l'eau restant en vapeur?*

Densité de la vapeur d'eau par rapport à l'air : 0,623.

Tension maximum de la vapeur d'eau à 25° : $23^{mm},55$; à 4° : $6^{mm},10$.

1° Le volume de la chambre est

$$4^m,9 \times 5,3 \times 3,1 = 80^{m3},507.$$

La masse M de la vapeur d'eau qu'on obtiendrait par la condensation totale de la masse d'air contenue dans la salle est de

$$80,507 \times 1,293 \times 0,623 \times \frac{f}{760} \times \frac{1}{1 + \frac{25}{273}}, \qquad (1)$$

f désignant la force élastique de la vapeur d'eau contenue dans l'air.

L'état hygrométrique de l'air étant $\frac{2}{3}$, on a $\quad \frac{f}{23,55} = \frac{2}{3}$,

d'où, $$f = \frac{23,55 \times 2}{3} = 15^{mm},7.$$

Remplaçant f par sa valeur dans l'équation (1), il vient

$$M = 1^{kg},227.$$

2° La force élastique maximum de la vapeur d'eau à 4° est $6^{mm},10$, très inférieure à la pression de $15^{mm},7$ que possédait la vapeur à 25°; il est donc très probable que la vapeur est devenue saturante.

Opérons d'après cette hypothèse ; la masse m de vapeur qui reste dans l'air est alors

$$m = 80,507 \times 1,293 \times 0,623 \times \frac{6,1}{760} \times \frac{1}{1 + \frac{4}{273}} = 0^{kg},513.$$

Le nombre $0^{kg},513$ étant inférieur à la masse totale de l'eau $1^{kg},227$, la supposition faite est exacte et la masse d'eau condensée a pour valeur

$$1,227 - 0,513 = 0^{kg},714.$$

(Journal de Vuibert.)

ÉLECTRICITÉ

§ I. — Loi des attractions et des répulsions électriques. — Potentiel électrique. — Condensateurs.

65. *Deux petites boules égales entre elles sont chargées d'électricité et placées à 10^{cm} l'une de l'autre ; elles se repoussent avec une force égale à 12 dynes.*

On les amène au contact, puis on les remet à la même distance : la force de répulsion est devenue 16 dynes.

Quelles étaient les quantités d'électricité contenues dans les deux boules ?

Soient m et m' les masses électriques cherchées ; elles sont de même signe puisqu'elles se repoussent ; la force avec laquelle elles se repoussent est (loi de Coulomb), en unités C. G. S.,

$$f = \frac{mm'}{d^2},$$

ou

$$12 = \frac{mm'}{10^2},$$

ce qui donne $\qquad mm' = 1200.$

Quand on les amène au contact, chacune d'elles prend la moitié de la somme des deux charges [1], et la loi de Coulomb

---

[1] Cette conclusion n'est évidente *a priori* que par suite de l'égale capacité des deux sphères, cette capacité étant mesurée par leur rayon commun ; sinon, la charge de l'une étant $m = Rv$, celle de l'autre $m' = R'v'$, leur potentiel commun après contact étant V, on aurait : $m + m' = RV + R'V$ et leurs charges respectives nouvelles RV, R'V seraient proportionnelles à leurs rayons ; mais si $R = R'$ on a $m + m' = 2RV$ d'où $RV = \dfrac{m + m}{2}$.

donne encore

$$16 = \frac{\left(\dfrac{m+m'}{2}\right)^2}{10^2},$$

d'où l'on tire

$$m + m' = 80.$$

Les quantités m, m' sont racines de l'équation

$$M^2 - 80M + 1200 = 0,$$

de laquelle on déduit

$$M' = m = 60 \text{ U.C.G.S.} \qquad \text{et} \qquad M'' = m' = 20 \text{ U.C.G.S.}$$

REMARQUE. — Pour exprimer ces masses en unités pratiques, il suffit de diviser m et m' par 3×10^9, nombre qui exprime la valeur du coulomb en unités électrostatiques C. G. S.

66. *On a deux conducteurs isolés dont les capacités respectives sont 1 microfarad et $\dfrac{1}{2}$ microfarad. On les charge d'électricité: le premier au potentiel de 10^3 volts, le deuxième au potentiel de 10^2 volts. On les relie ensuite l'un à l'autre par un fil conducteur de capacité négligeable.*

On demande de calculer :

1° Le potentiel d'équilibre final du système des deux conducteurs ;

2° La quantité d'électricité (en coulombs) qui traversera le fil pendant la période d'établissement de l'équilibre final ;

3° La somme des énergies des deux conducteurs quand ils sont indépendants ; que devient cette énergie après la communication ?

Considérons les deux conducteurs A et B ; soient C et C' leurs capacités, M et M' leurs charges, V et V' leurs potentiels. On a

$$M = CV \qquad \text{et} \qquad M' = C'V'.$$

1° Les deux conducteurs étant réunis d'après les conditions de l'énoncé, la capacité du système devient $C + C'$, la charge $M + M'$, et le potentiel commun V''. Écrivons que la quantité totale d'électricité n'a pas varié :

$$CV + C'V' = (C + C')V'',$$

équation d'où nous tirons la valeur de V'' en volts :

$$V'' = \frac{CV + C'V'}{C + C'} = \frac{0,000\,001 \times 1000 + 0,000\,000\,5 \times 100}{0,000\,001 + 0,000\,000\,5}$$

$$= 700 \text{ volts.}$$

2° La quantité d'électricité qui traverse le fil de A vers B jusqu'à l'établissement de l'équilibre est la différence $CV - CV''$ qui représente la charge perdue par A en passant du potentiel V au potentiel V'', ou la différence $C'V'' - C'V'$ qui représente la quantité d'électricité gagnée par B. Soit m cette quantité ; on a

$$m = C(V - V') = 0,000\,001(1000 - 700) = 0,000\,3 \text{ coulombs.}$$

3° La somme des énergies W de A et de B avant la communication était

$$W = \frac{CV^2}{2} + \frac{C'V'^2}{2} = \frac{0,000\,001 \times 10^6}{2} + \frac{0,000\,000\,5 \times 10^4}{2}$$

$$= 0^{\text{Joule}},5025.$$

Elle devient, après communication,

$$\frac{(C + C')V''^2}{2} = \frac{0,000\,001\,5 \times 700^2}{2} = 0^{\text{Joule}},3675.$$

La différence entre ces deux énergies représente le travail effectué par la quantité d'électricité du conducteur A qui a passé du potentiel 1000 au potentiel 700, augmenté du travail, de sens contraire au précédent, de la masse de B qui est montée du potentiel 100 au potentiel 700 ; on peut le vérifier par le calcul.

67. *Deux condensateurs sphériques C-D, C'-D' ont respective-*
ment pour capacités 0,3 et 0,8 micro-
farad ; les armatures D et D' sont au
sol, les armatures C et C' respective-
ment chargées aux potentiels de 15
et 26 volts.

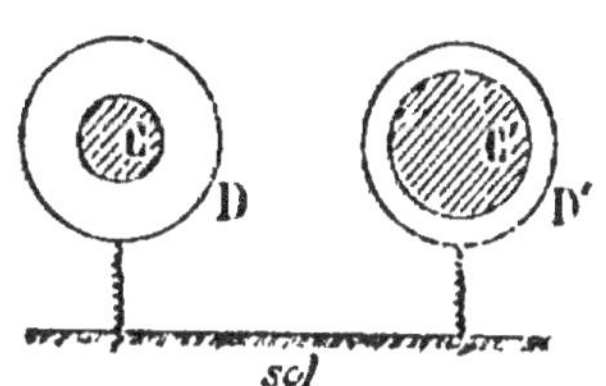

        On demande :

1° *Les charges de C et C' ;*

2° *Comment se modifient ces charges lorsqu'on relie C à C' par*
un conducteur de capacité négligeable ;

3° *Quel potentiel prennent alors C et C'.*

1° La charge Q d'un condensateur est représentée par la
formule

$$Q = CV,$$

C étant la capacité et V le potentiel.

La charge du condensateur C-D est, par suite,

$$Q = 0,3 \times 15 = 4,5 \text{ microcoulombs};$$

celle du condensateur C'-D',

$$Q' = 0,8 \times 26 = 20,8 \text{ microcoulombs.}$$

2° et **3°** Quand on relie deux condensateurs par un conducteur de capacité négligeable, le partage des charges se fait de
manière que leur somme reste constante et que les potentiels
deviennent égaux.

Si x représente le potentiel commun des condensateurs après
la communication, on a

$$Q + Q' = x(C + C'),$$

d'où $$x = \frac{Q + Q'}{C + C'} = \frac{4.5 + 20.8}{0,3 + 0,8} = 23 \text{ volts.}$$

Le condensateur C-D prend alors une charge

$$Q_1 = Cx = 0,3 \times 23 = 6,9 \text{ microcoulombs,}$$

et le condensateur C′-D′ une charge

$$Q'_1 = C'x = 0,8 \times 23 = 18,4 \text{ microco}_1 \text{ lombs.}$$

68. *Une bouteille de Leyde a son armature externe au sol et son armature interne au potentiel de 60 000 volts. On relie celle-ci à une boîte de capacité de $\dfrac{1}{100}$ de microfarad ; or, constate un potentiel d'équilibre de 24 000 volts. On demande :*

1° La capacité électrique de ce condensateur ;

2° Son énergie électrique avant la communication et la quantité de calories que pourrait produire sa décharge brusque si l'énergie électrique était entièrement transformée en énergie calorifique ;

3° A quelle température serait porté un fil de platine de 1 décigramme traversé par cette décharge, sachant que le fil est à 0° et que sa chaleur spécifique est égale à 0,03.

1° Soit C la capacité de la bouteille, C′ celle de la boîte de capacité, V le potentiel de la bouteille, V′ le potentiel final.

La charge primitive CV se trouve, après communication, répartie dans une capacité C + C′, et le potentiel commun est V′ ; on a donc

$$CV = (C + C')V',$$

d'où

$$C = \frac{C'V'}{V - V'},$$

et, d'après les nombres de l'énoncé,

$$C = \frac{\dfrac{1}{100 \times 10^6} \times 24000}{3600} = \frac{1}{150 \times 10^6}$$

ou

$$\frac{1}{150} \text{ de microfarad.}$$

2° L'énergie de la bouteille était avant la communication

$$W = \frac{CV^2}{2},$$

et, en exprimant V en volts et C en farads,

$$W = \frac{1 \times \overline{60 \cdot 0}^2}{150 \times 10^6 \times 2} = 12 \text{ joules.}$$

Cette énergie équivaut à un nombre de calories Q :

$$Q = \frac{12}{4,17} = 2,8 \text{ calories.}$$

3° Ce nombre de calories en traversant le fil de masse 1^{dg} et de chaleur spécifique 0,03 élève sa température de t^o, de telle sorte que l'on a

$$Q = MCt,$$

soit

$$2,8 = 0^g,1 \times 0,03 \times t,$$

ou

$$t = 933^o.$$

69. *Quelle serait la capacité d'un conducteur qui, chargé au potentiel de 10^4 volts, produirait en se déchargeant un travail de 5 joules ?*

Ce conducteur étant un condensateur sphérique dont le diélectrique a un pouvoir inducteur spécifique de 5 et une épaisseur de 1 millimètre, quel est le rayon de la sphère collectrice ?

L'énergie d'un conducteur électrique est donnée par la relation

$$W = \frac{1}{2} CV^2,$$

qui devient, en remplaçant les quantités connues par leurs valeurs,

$$5 = \frac{1}{2} C \times 10^8,$$

d'où

$$C = \frac{1}{10^7} \text{ farad.}$$

La capacité d'un condensateur s'exprime par

$$C = \frac{kS}{4\pi e},$$

formule dans laquelle les quantités sont évaluées en unités É. S.

Si le condensateur est sphérique, cette formule devient

$$C = \frac{kR^2}{e},$$

d'où

$$R = \sqrt{\frac{Ce}{k}}.$$

Or,

$$\frac{1}{10^7} \text{ farad} = \frac{1}{10^7} \times 9 \times 10^{11} = 9 \times 10^4 \text{ unités É. S. ;}$$

donc

$$R = \sqrt{\frac{9 \times 10^4}{5 \times 10}} = 30\sqrt{2} = 42^{cm},42.$$

Remarque. — Cette solution néglige, avec raison d'ailleurs, l'épaisseur du diélectrique par rapport aux rayons des sphères du condensateur.

En en tenant compte, la capacité d'un conducteur sphérique dont la sphère collectrice a pour rayon R et dont le diélectrique d'épaisseur e a pour pouvoir inducteur k est

$$C = k\,\frac{R(R+e)}{e},$$

ou, ici,

$$9 \times 10^4 = \frac{5R\left(R + \frac{1}{10}\right)}{\frac{1}{10}},$$

ce qui donne, en développant,

$$50R^2 + 5R - 9 \times 10^4 = 0.$$

La racine positive, seule acceptable, donne

$$R = 42^{cm},42.$$

§ II. — Lois d'Ohm et de Joule. — Électrolyse.

70. *Trouver la résistance d'une pile, qui, fermée sur un con-ducteur interpolaire de 5 ohms de résistance, présente aux bornes*

une différence de potentiel de $1^{volt},35$, sachant que la force électromotrice de cette pile est $1^v,52$.

Soit E la f.e.m. de la pile, c'est-à-dire la différence de potentiel entre ses pôles à circuit ouvert, R sa résistance et r la résistance interpolaire ; on a, d'après la loi d'Ohm,

$$E = I(R + r),$$

et, si nous désignons par e la chute de potentiel entre les deux
pôles lorsque le circuit est fermé sur le fil de résistance r,

$$e = Ir.$$

En divisant ces deux égalités membre à membre, il vient

$$\frac{E}{e} = \frac{R + r}{r},$$

d'où l'on tire
$$R = \frac{r(E - e)}{e},$$

et, d'après les données,

$$R = 5\left(\frac{1,52 - 1,35}{1,35}\right) = 0^{ohm},63.$$

71. *On demande de déterminer la résistance intérieure d'une
pile en utilisant les observations suivantes :*

*Fermée sur un circuit ayant une résistance égale à 1,70 ohm,
elle a donné naissance à un courant de 0,70 ampère. D'autre
part, la différence de potentiel, mesurée aux bornes de cette pile
à circuit ouvert avec un voltmètre ou un électromètre, a été trouvée égale à 1,54 volt.*

*Examiner le cas où, au lieu de mesurer la différence de poten-
tiel aux bornes de la pile à circuit ouvert, on la fait débiter sur
des circuits de résistance extérieure $R = 1,70$ ohm et
$R' = 2,60$ ohms, les courants correspondants mesurés à l'ampèremètre étant*

$$I = 0,7 \text{ ampère} \qquad et \qquad I' = 0,5 \text{ ampère.}$$

Déduire de ces lectures la résistance de l'élément.

En remarquant que la différence de potentiel en circuit ouvert n'est autre que la force électromotrice et appliquant au premier cas la formule d'Ohm $E = I(\rho + R)$, on a immédiatement

$$1,54 = 0,7(\rho + 1,7),$$

ou
$$\rho = \frac{1,54 - 1,7 \times 0,7}{0,7} = 0^{ohm},5.$$

C'est la résistance de l'élément de pile.

Dans le second cas, nous avons

$$I(\rho + R) = I'(\rho + R'),$$

et, en remplaçant I, I', R, R' par leurs valeurs respectives, nous obtenons

$$0,7(\rho + 1,7) = 0,5(\rho + 2,6),$$

d'où
$$\rho = \frac{0,5 \times 2\,6 - 0,7 \times 1,7}{0,7 - 0,5} = 0^{ohm},55.$$

72. *Un galvanomètre donne une déviation de 40° lorsqu'il est en circuit avec une pile Daniell et une résistance R de 300 ohms ; la déviation tombe à 30° lorsque la résistance R est portée à 600 ohms.*

On répète les mêmes opérations avec une pile Bunsen et l'on trouve que pour obtenir les mêmes déviations il faut donner à R les valeurs successives 550 et 1100 ohms.

Calculer le rapport des forces électromotrices des deux piles.

Désignons par E la f.e.m. de la pile Daniell et par r la somme des résistances de cette pile et du galvanomètre, par E' et par r' les mêmes quantités par rapport à l'élément Bunsen. On a, en appelant I_1 et I_2 les intensités du courant, proportionnelles aux déviations 40° et 30° du galvanomètre,

Avec la pile Daniell :

1re expérience $\qquad E = I_1(300 + r),$ $\qquad$ (1)

2e expérience $\qquad E = I_2(600 + r);$ $\qquad$ (2)

Avec la pile Bunsen :

1ʳᵉ expérience $$E' = I_1(550 + r'),\qquad (3)$$

2ᵒ expérience $$E' = I_2(1\,100 + r').\qquad (4)$$

Divisant membre à membre les équations (1), (3) puis (2), (4), il vient

$$\frac{E}{E'} = \frac{300 + r}{550 + r'} = \frac{600 + r}{1\,100 + r'},$$

et, d'après une propriété des proportions,

$$\frac{E}{E'} = \frac{(600 + r) - (300 + r)}{(1100 + r') - (550 + r')} = \frac{300}{550},$$

ou

$$\frac{E}{E'} = \frac{1}{1,83}.$$

73. *On veut décomposer par l'électrolyse 1ᵍ d'eau par minute à l'aide d'une dynamo qui maintient aux électrodes une différence de potentiel de 120 volts. Quelle surface faudra-t-il donner aux électrodes, supposées en fer et plongées dans une dissolution de potasse, pour obtenir ce résultat? On supposera les électrodes planes et séparées l'une de l'autre par une épaisseur de 1ᶜᵐ de liquide.*

Résistance spécifique du liquide : $\rho = 2{,}4$ *ohms-centimètres.*

Un gramme d'eau contient $\frac{1}{9}$ de gramme d'hydrogène; le courant doit donc mettre en liberté $\frac{1ᵍ}{9 \times 60}$ de gramme de ce gaz par seconde. On sait que 96 600 coulombs mettent en liberté 1ᵍ d'hydrogène, le dégagement de $\frac{1ᵍ}{9 \times 60}$ d'hydrogène exige donc une quantité d'électricité égale à $96\,600 \times \frac{1}{9 \times 60}$ coulombs par seconde, autrement dit, un courant d'intensité

$$I = \frac{96\,600}{9 \times 60} = 180 \text{ ampères par excès.}$$

La résistance sera donnée par la loi d'Ohm $I = \dfrac{e}{r}$, dans laquelle e représente la différence de potentiel aux bornes : 120, moins la force contre-électromotrice de polarisation, non indiquée, qui est plus petite que $1^v,5$ et que l'on peut donc supposer négligeable. Il vient

$$r = \frac{e}{1} = \frac{120}{180} = \frac{2}{3} \text{ d'ohm.}$$

Cette résistance dans la cuve à décomposition est proportionnelle à l'épaisseur de liquide traversée par le courant et en raison inverse de la surface des électrodes que le liquide sépare,

c'est-à-dire $$r = \rho\frac{l}{s},$$

formule d'où l'on déduit

$$s = \rho\frac{l}{r} = \frac{2,4 \times 1}{\dfrac{2}{3}} = 3^{cm^2},6.$$

74. *Dans un vase clos de 2 litres, se trouve un litre d'eau à travers laquelle on fait passer pendant 1 heure un courant électrique. Au début de l'expérience, le gaz situé au-dessus du liquide était à la pression de 1 atmosphère ; à la fin, la pression est de 3 atmosphères. Calculer l'intensité du courant en supposant que la température du vase ait été maintenue à 0° et qu'on puisse négliger la tension de la vapeur d'eau et la solubilité des gaz dans l'eau acidulée.*

Masse du litre d'hydrogène : 0g,09.

La température ne variant pas, l'accroissement de force élastique est uniquement dû au dégagement d'hydrogène et d'oxygène qui provient de l'électrolyse ; la diminution du volume de l'eau par suite de la décomposition d'une partie est négligeable comme le montrera plus loin le calcul de cette partie.

La somme des forces élastiques des deux gaz est de $3 - 1 = 2$ atmosphères. Or, à la pression ordinaire, le volume de l'hydrogène mis en liberté par le courant est le double du volume d'oxygène ; quand ils occupent le même volume 1 litre, la pression de l'hydrogène, est les $\dfrac{2}{3}$ de la pression totale et celle de l'oxygène en est le $\dfrac{1}{3}$; on a donc

$$\text{Pression de l'hydrogène} = \dfrac{2}{3} \times 2 = \dfrac{4}{3} \text{ d'atmosphère,}$$

$$\text{Pression de l'oxygène} = \dfrac{1}{3} \times 2 = \dfrac{2}{3} \text{ d'atmosphère.}$$

La masse de 1^l d'hydrogène à $0°$ et à la pression de $\dfrac{4}{3}$ d'atmosphère est

$$0{,}09 \times \dfrac{4}{3} = 0^g{,}12,$$

qui exigent, pour leur mise en liberté,

$$0^g{,}12 \times 96\,600 \text{ coulombs.}$$

Comme l'expérience a duré 1 heure ou 3 600 secondes, l'intensité du courant a été de

$$\dfrac{96\,600 \times 0{,}12}{3\,600} = 3^{amp}{,}22.$$

75. *Le circuit extérieur d'un générateur électrique dont la force électromotrice est 31,5 volts et la résistance intérieure 1 ohm comprend :*

1° une résistance de 1 ohm plongée dans un calorimètre contenant 100 grammes d'eau dont la température s'élève de 1°,29 par minute ;

2° un bain de sulfate de cuivre dans lequel plongent deux électrodes inattaquables. La résistance de ce bain est de 8 ohms.

On demande :

a) L'intensité du courant ;

b) Le poids de cuivre déposé par minute, sachant que le poids atomique du cuivre est 63 ;

c) La force contre-électromotrice de la cuve électrolytique.

Si on remplaçait les électrodes inattaquables par des électrodes en cuivre de mêmes dimensions, l'intensité conserverait-elle la même valeur ?

S'il y a variation de l'intensité, en indiquer le sens et la cause.

On néglige la résistance des conducteurs faisant communiquer entre eux le générateur, le bain et la résistance plongée dans le calorimètre.

a) La résistance $r = 1$ ohm, que contient le calorimètre cède aux 100ᵍ d'eau une quantité de chaleur Q égale à

$$100 \times 1,29 = 129 \text{ calories,}$$

et comme cette quantité de chaleur est produite par le courant d'intensité I, on en déduit, d'après la loi de Joule

$$Q = \frac{I^2 rt}{4,18},$$

$$I^2 = \frac{129 \times 4,18}{60} = 8,987,$$

et $\qquad I = \sqrt{8,987} = 2^{\text{amp}},998,$

ou sensiblement $I = 3$ ampères.

b) Le cuivre étant divalent, 96 600 coulombs en déposent $\frac{63}{2}$ g., de sorte que le poids de cuivre déposé en 60 secondes par le courant est de

$$\frac{63 \times 3 \times 60}{2 \times 96\,600} = 0^{\text{g}},058.$$

c) Soit e la force contre-électromotrice de la cuve ; on a

$$I = \frac{E - e}{R},$$

où E désigne la force électromotrice $31^v,5$ et R la résistance totale $1 + 1 + 8 = 10$ ohms, c'est-à-dire

$$3 = \frac{31,5 - e}{10},$$

ce qui donne $\quad e = 31,5 - 30 = 1^v,5$.

Si l'on remplace les électrodes inattaquables par des électrodes en cuivre de même dimension, la résistance d'après l'hypothèse ne change pas, mais la polarisation, et par suite la force contre-électromotrice de la cuve, cesse et l'intensité augmente ; elle devient

$$I' = \frac{31.5}{10} = 3^{amp},15.$$

§ III. — Groupements des éléments d'une pile.

76. *Une pile de 10 éléments Bunsen sert à exciter un électro-aimant. Les 10 éléments forment deux groupes en parallèle de chacun 5 éléments réunis en tension. La force électromotrice d'un élément est $1^v,9$ et sa résistance $0^{ohm},8$. Si l'on suppose que les spires de l'électro-aimant présentent une résistance de 12 ohms et chacun des deux fils de ligne une résistance de $1^{ohm},5$, on demande de calculer :*

1° *L'intensité du courant fourni par la pile ;*

2° *La puissance de ce courant ;*

3° *Le nombre de coulombs débités en 10 minutes ;*

4° *La quantité de chaleur, en petites calories, qui se dégage dans les bobines de l'électro dans le même temps, sachant que $4^{joules},18$ produisent une petite calorie.*

(Éc. d'Arts et Métiers, 1908.)

1° Lorsqu'on associe mn éléments en m séries parallèles de n éléments chacune, la force électromotrice de la pile est nE

et sa résistance $\dfrac{nR}{m}$, en désignant par E la f. é. m. et par R la résistance d'un élément; l'intensité résultant de ce groupement est

$$I = \frac{nE}{\dfrac{nR}{m} + r},$$

r étant la résistance extérieure.

Dans le cas de l'énoncé $(r = 12 + 2 \times 1,5)$, on a

$$I = \frac{5 \times 1,9}{\dfrac{5 \times 0,8}{2} + 15} = 0^{amp},559.$$

2° La puissance P est donnée ici par la relation $P = nEI$:

$$P = 5 \times 1,9 \times 0,559 = 5^{watts},31.$$

3° Le nombre de coulombs débités en 10 minutes ou 600 secondes est $\qquad 0,559 \times 600 = 335^{coulombs},4.$

4° Enfin, la quantité de chaleur qu'un courant d'intensité I produit dans une résistance r en un temps t est

$$a = \frac{I^2 rt}{4,18} = \frac{0,559^2 \times 12 \times 600}{4,18} = 537^{cal},9.$$

77. *Les pôles d'une pile, dont chaque élément a une force électromotrice de $1^v,8$ et une résistance de $0^{ohm},08$, sont réunis par un fil de cuivre dont la résistance est de $0^{ohm},32$. Les éléments sont groupés en m batteries formées de n éléments, de manière à obtenir le maximum d'intensité. Quel doit être le nombre des éléments pour que la chute de potentiel aux deux pôles, en circuit fermé, soit de $7^v,2$?*

On sait que pour obtenir le maximum d'intensité il faut que la résistance extérieure soit égale à la résistance intérieure de la pile ; celle-ci, composée de m groupes de n éléments réunis en tension, les m groupes étant réunis en quantité, a une résistance de $\dfrac{n \times 0,08}{m}$ ohms; donc, on a, dans le cas du maximum,

$$\frac{0,08n}{m} = 0,32, \qquad\qquad (1)$$

d'où $$m = \frac{n}{4}\cdot$$

D'autre part, la chute de potentiel aux bornes étant de $7^{v},2$, on a, d'après la loi d'Ohm,

$$I = \frac{7,2}{0,32} = 22^{amp},5,$$

et, dans le circuit entier,

$$22,5 = \frac{nE}{\dfrac{nR}{m}+r} = \frac{n \times 1.8}{\dfrac{n \times 0.08}{m} + 0,32};$$

comme $\dfrac{n}{m} = 4$,

$$22,5 = \frac{n \times 1,8}{0,08 \times 4 + 0,32} = \frac{1,8n}{0,64},$$

d'où $n = 8,$ et $m = 2.$

Il faudra donc prendre deux séries de 8 éléments en tension et réunir ces deux séries en quantité.

78. *Le circuit d'une pile de 30 éléments identiques est fermé sur un galvanomètre dont la résistance est 4 ohms et sur une boîte de résistances. Les éléments étant associés en 2 séries de 15 et la résistance prise sur la boîte étant 9 ohms, le galvanomètre accuse une déviation de 9°. Les éléments étant associés en 3 séries de 10, il faut prendre 5 ohms sur la boîte pour donner au galvanomètre la même déviation. Sachant que pour 1 ampère la déviation du galvanomètre est 5°, on demande de calculer la force électromotrice de la résistance d'un élément.*

L'intensité du courant fourni par une pile dont les éléments sont associés en m séries parallèles formées de n éléments en tension est donnée par la formule

$$I = \frac{nE}{\dfrac{nr}{m} + R},$$

ou
$$I = \frac{mnE}{nr + mR},$$

dans laquelle mn est le nombre d'éléments, E la force électromotrice et r la résistance d'un élément, R la résistance extérieure.

Or, dans les deux expériences, l'intensité I reste la même et le produit mnE est constant ; donc $nr + mR$ conserve la même valeur ; c'est-à-dire qu'on a $nr + mR = n'r + m'R'$, ou

$$15r + 2(4 + 9) = 10r + 3(4 + 5),$$

d'où
$$r = \frac{1}{5} \text{ d'ohm}$$

et
$$nr + mR = 29.$$

Admettons que la déviation du galvanomètre est proportionnelle à l'intensité ; nous aurons

$$I = \frac{9}{5} \text{ d'ampère,}$$

et, par suite,
$$\frac{9}{5} = \frac{30E}{29},$$

d'où
$$E = 1^v,74.$$

§ IV. — Courants dérivés. — Lois de Kirchhoff.

79. *Un segment rectiligne* AB *et une demi-circonférence* ACB *décrite sur* AB *comme diamètre sont formés du même fil métallique. Sachant que la différence de potentiel entre* A *et* B *est de* 12 *volts et que la résistance de* AB *est de* $\frac{1}{9}$ *d'ohm, on demande* *les quantités de chaleur dégagées par seconde dans le diamètre et dans la demi-circonférence ACB quand ils sont traversés par un courant qui arrive en A et sort en B.*

Désignons par r la résistance du conducteur AB ; celle de la demi-circonférence, qui a pour longueur $\dfrac{\pi AB}{2}$, sera $\dfrac{\pi r}{2}$ puisque les résistances sont proportionnelles aux longueurs.

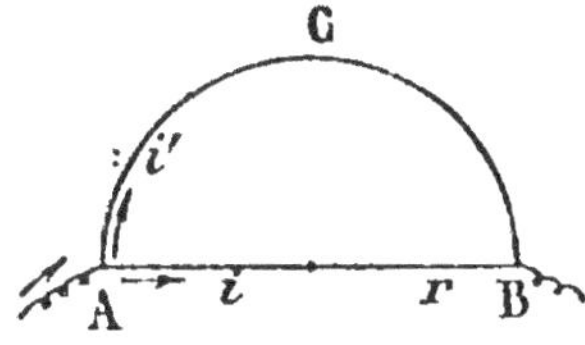

Or, d'après la loi de Joule, la quantité de chaleur dégagée dans un circuit de résistance R parcouru par un courant d'intensité I pendant un temps t est

$$Q = \frac{1}{4,17}\, I^2 R t,$$

ou encore, en remplaçant I par sa valeur $\dfrac{E}{R}$ donnée par la loi d'Ohm,

$$Q = \frac{1}{4,17} \times \frac{E^2}{R}\, t.$$

Appliquons cette formule aux données du problème :
La quantité q de chaleur dégagée dans AB sera, par seconde,

$$q = \frac{1}{4,17} \times \frac{12^2}{\frac{1}{9}} = 310 \text{ petites calories,}$$

et la quantité q' dégagée dans le même temps en ACB sera

$$q' = \frac{1}{4,17} \times \frac{12^2 \times 2 \times 9}{3,1416} = 197 \text{ petites calories.}$$

80. *Soit AB une portion rectiligne d'un conducteur constitué par un fil cylindrique homogène. Sur AB comme diamètre, imaginons une demi-circonférence ACB formée du même fil. Soit maintenant O le milieu de AB et sur OB comme diamètre ima-*

ginons de même une demi-circonférence ODB constituée encore par le même fil que précédemment. Supposons maintenant que par le point A *arrive un courant qui traverse toute cette dérivation et sorte par le point* B. *On demande de trouver le rapport des intensités des courants qui circulent simultanément dans la petite et dans la grande demi-circonférence.*

Première solution. — Prenons pour unité de résistance la résistance du fil de longueur OA. La résistance du fil ACB est π, celle du fil ODB est $\dfrac{\pi}{2}$ et, en désignant par ρ la résistance équivalente à la dérivation formée par le fil OB et l'arc ODB, on a

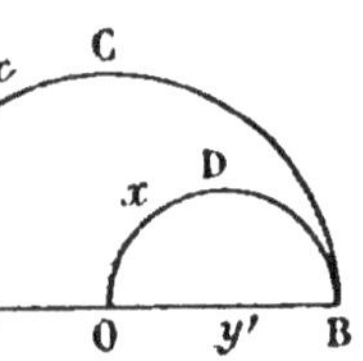

$$\frac{1}{\rho} = 1 + \frac{2}{\pi} = \frac{\pi + 2}{\pi}. \quad (1)$$

Désignons par x, y, x', y' les intensités des courants dans les fils ACB, AO, ODB et OB.

On a, en appliquant deux fois les lois des courants dérivés,

$$x\pi = y(\rho + 1), \quad \text{ou} \quad \frac{x}{y} = \frac{\rho + 1}{\pi}, \quad (2)$$

$$y\rho = x'\frac{\pi}{2} = y', \quad \text{ou} \quad \frac{y}{x'} = \frac{\pi}{2\rho}. \quad (3)$$

Multiplions (2) et (3) membre à membre, nous obtenons

$$\frac{x}{x'} = \frac{\rho + 1}{2\rho},$$

qui, en tenant compte de (1), devient

$$\frac{x}{x'} = \frac{1}{2} + \frac{1}{2\rho} = \frac{\pi}{2\pi} + \frac{\pi + 2}{2\pi} = \frac{\pi + 1}{\pi};$$

c'est le rapport cherché.

Seconde solution. — Il n'était pas nécessaire de calculer la valeur de la résistance ρ de la dérivation formée par les fils OB et ODB. La solution suivante va nous le montrer.

Prenons encore pour unité de résistance la résistance du fil de longueur OA.

Les circuits formés par les deux demi-circonférences et par leur diamètre commun ne contiennent aucune force électromotrice ; or, dans ce cas, d'après une des lois de Kirchhoff, la somme algébrique $\Sigma\,(ir)$ des produits des intensités des courants par les résistances respectives des fils qu'ils parcourent, le long d'un même circuit fermé, est nulle.

Appliquons cette loi aux circuits-fermés ACBDOA et OBDO ; on a

$$(\text{ACBDOA}) \qquad x\pi - x'\,\frac{\pi}{2} - y = 0, \tag{1}$$

$$(\text{OBDO}) \qquad y' - x'\,\frac{\pi}{2} = 0 ; \tag{2}$$

et, comme d'après la première loi de Kirchhoff il ne peut y avoir en aucun point accumulation d'électricité, on a aussi

$$y - x' - y' = 0. \tag{3}$$

Additionnons membre à membre les égalités (1), (2) et (3) ; y et y' s'éliminent et l'on a

$$x\pi - x'(\pi + 1) = 0,$$

d'où

$$\frac{x}{x'} = \frac{\pi + 1}{\pi}.$$

(Journal de Vuibert.)

81. Un circuit comprend une pile P de force électromotrice égale à 4 volts et un galvanomètre G ; la résistance du galvanomètre est 45 ohms ; la résistance du reste du circuit (pile comprise) est 5 ohms. Entre les bornes A et B du galvanomètre on met en dérivation une bobine S de résistance égale à 5 ohms. On demande :

1° Quelle était l'intensité du courant dans le galvanomètre avant l'adjonction de S ;

2° Quelle est l'intensité dans le galvanomètre quand S est atta-chée en A et en B.

1° L'intensité est donnée par la formule $i = \dfrac{E}{R}$, dans

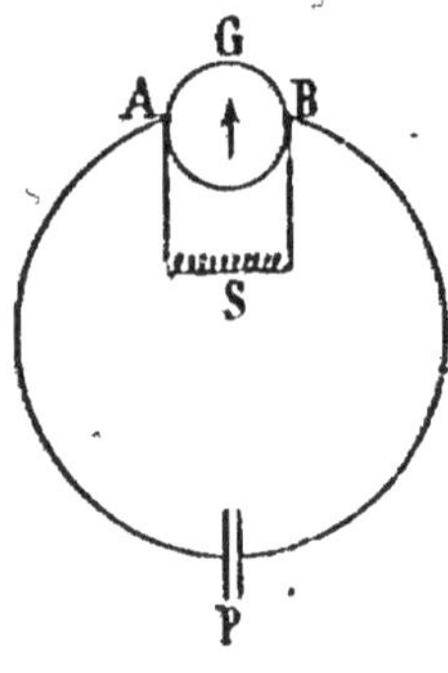

laquelle E est la force électromotrice, R la résistance totale du circuit; on a donc

$$I = \frac{4}{50} = 0^{\mathrm{amp}},08.$$

2° Cherchons la résistance réduite qui remplacerait l'arc double comprenant le galvaromètre et la résistance S; soit x cette résistance ; on a

$$\frac{1}{x} = \frac{1}{45} + \frac{1}{5},$$

d'où $\qquad x = 4^{\mathrm{ohms}},5 ;$

et la nouvelle intensité I, dans la pile et le circuit principal, aura pour valeur

$$I' = \frac{4}{5 + 4.5} = \frac{4}{9,5}.$$

L'intensité i dans le galvanomètre de résistance r, et l'inten-sité i' dans la bobine S de résistance r' seront données par les lois des courants dérivés :

$$I = i + i'$$

et $\qquad ir = i'r',$

d'où le système d'équations

$$i + i' = \frac{4}{9,5},$$

$$45i = 5i',$$

dont les solutions sont

$$i = \frac{4}{95}$$

et $\qquad i' = \frac{36}{95}.$

REMARQUE. — On aurait pu dire immédiatement : les intensités dans les dérivations sont en raison inverse des résistances, donc l'intensité dans le galvanomètre est $\frac{1}{9}$ de l'intensité dans la spirale S ou $\frac{1}{10}$ de l'intensité totale ; celle-ci étant $\frac{4^{amp}}{9,5}$, celle du courant qui traverse le galvanomètre est $\frac{4}{95}$ d'amp. ; le galvanomètre est shunté au $\frac{1}{10}$.

Autre méthode : 2ᵉ Partie. — La connaissance des lois de Kirchhoff mène plus vite au résultat quand on ne demande ni la résistance réduite, ni la nouvelle intensité dans le circuit principal, ce qui est le cas du problème.

Le circuit PASB donne $(\Sigma ir = E)$

$$5I' + 5i' = 4. \tag{1}$$

Le circuit PAGB donne

$$5I' + 45i = 4, \tag{2}$$

et d'ailleurs

$$I' = i + i'. \tag{3}$$

Cette dernière valeur de I' portée dans (1) et (2) conduit au système

$$5i + 10i' = 4, \tag{1'}$$

$$5i' + 50i = 4. \tag{2'}$$

De (1') et (2') on tire

$$95i = 4,$$

d'où

$$i = \frac{4}{95}.$$

82. *Un conducteur se divise en un point A en deux branches qui se réunissent en B.*

1° *Un ampèremètre E placé dans le circuit unique marque 6 ampères, et l'ampèremètre C placé dans la branche ACB marque 1 ampère.*

2° On ajoute à la résistance ACB une résistance supplémentaire de 0ohm,4 ; alors l'ampèremètre C marque 0amp,9, et l'ampèremètre E marque 6 ampères.

On demande :

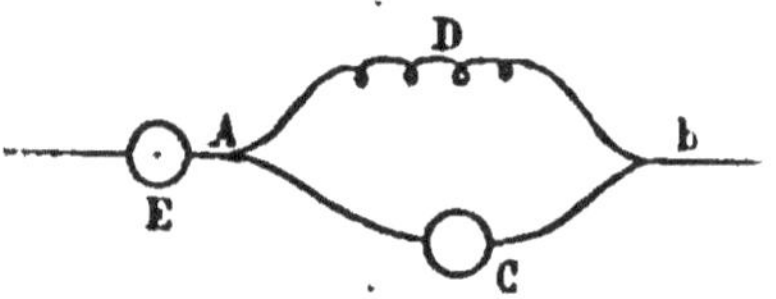

1° La valeur de la résistance ADB ;

2° La quantité de chaleur dégagée dans la résistance ADB pendant la durée de la première expérience qui est de 6 minutes 57 secondes. On prendra 4,17 joules par calorie-gramme pour l'équivalent mécanique de la chaleur.

1° Désignons respectivement par x et i la résistance du fil ADB et l'intensité du courant qui parcourt ce fil dans la première expérience ; par r la résistance de ACB.

L'application des lois de Kirchhoff donne

$$6 = 1 + i \qquad \text{ou} \qquad i = 6 - 1 = 5^{amp},$$

et

$$ix = 1 \times r \qquad \text{ou} \qquad 5x = r.$$

Appliquons ces mêmes lois à la seconde expérience en désignant par i' la nouvelle intensité du courant qui parcourt ADB. Nous avons

$$6 = 0,9 + i' \qquad \text{ou} \qquad i' = 6 - 0,9 = 5^{amp},1.$$

et

$$i'x = 0,9(r + 0,4) \qquad \text{ou} \qquad 5,1x = 0,9(5x + 0,4),$$

d'où

$$x = \frac{0,36}{0.6} = 0^{ohm},6.$$

2° La quantité de chaleur dégagée dans ADB en $6^{min}57^{sec}$, ou $6 \times 60 + 57 = 417$ secondes, est donnée par la loi de Joule

$$Q = \frac{1^2 r t}{4,17}.$$

Remplaçons les lettres par leurs valeurs ; nous avons

$$Q = \frac{5^2 \times 0,6 \times 117}{4,17} = 1\,500 \text{ petites calories.}$$

83. *Deux points* A *et* B *sont reliés par* 3 *fils. Sur le premier est intercalée une pile dont la force électromotrice* E *est de* 1^{volt},751. *Sur un deuxième conducteur est intercalée une pile identique dont la force électromotrice est encore* 1^{volt},751. *La résistance totale* r_1 *du premier conducteur, y compris la pile, est de* 3 *ohms ; la résistance totale* r_2 *du second conducteur, y compris la pile, est de* 5 *ohms ; enfin le troisième fil a une résistance* $r_3 = 11$ *ohms. On suppose les deux pôles positifs des piles tournés vers le même point* A.

Quelles sont les intensités i_1, i_2, i_3 *des courants dans les trois branches ?*

Appliquons les lois de Kirchhoff :

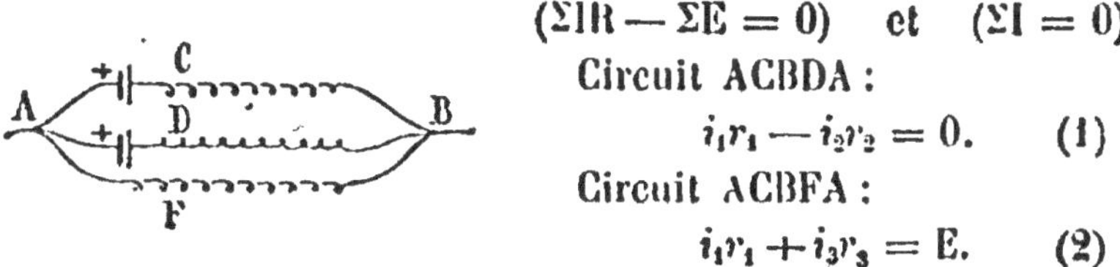

$$(\Sigma IR - \Sigma E = 0) \quad \text{et} \quad (\Sigma I = 0).$$

Circuit ACBDA :

$$i_1 r_1 - i_2 r_2 = 0. \qquad (1)$$

Circuit ACBFA :

$$i_1 r_1 + i_3 r_3 = E. \qquad (2)$$

Enfin
$$i_1 + i_2 = i_3. \qquad (3)$$

Des relations (2) et (3) on déduit la relation

$$i_1 r_1 + (i_1 + i_2) r_3 = E$$

qui, en tenant compte de (1), devient

$$i_1 r_1 + \left(i_1 + \frac{i_1 r_1}{r_2} \right) r_3 = E,$$

ou
$$i_1 (r_1 r_2 + r_2 r_3 + r_1 r_3) = E r_2,$$

ce qui donne

$$i_1 = \frac{E r_2}{r_1 r_2 + r_2 r_3 + r_1 r_3} = \frac{1,751 \times 5}{103} = 0^{\text{amp}},085 ;$$

et, comme $i_2 = \dfrac{i_1 r_1}{r_2}$, on a

$$i_2 = \frac{0,085 \times 3}{5} = 0,051.$$

Par suite,
$$i_3 = i_1 + i_2 = 0^{\text{amp}},136.$$

84. *Un galvanomètre dont la résistance est 20 ohms est shunté par une résistance de 0ohm,5 sur le courant d'un générateur qui maintient entre ses bornes une force électromotrice constante e. On demande :*

1o Le rapport de l'intensité du courant qui traverse le galvanomètre à l'intensité totale ;

2o La résistance qu'il faut introduire dans le circuit principal pour que le courant y ait la même valeur que si le galvanomètre non shunté était seul interposé dans le circuit.

1° Le galvanomètre et le shunt forment un arc double et dans chaque branche l'intensité est en raison inverse de la résistance ; on a donc, en désignant par i l'intensité dans le galvanomètre et par i' l'intensité dans le shunt,

$$\frac{i}{i'} = \frac{0,5}{20},$$

et, d'après une propriété des proportions,

$$\frac{i}{i+i'} = \frac{0,5}{20,5},$$

ou, en appelant I l'intensité dans le circuit principal,

$$\frac{i}{I} = \frac{1}{41} \qquad \text{et} \qquad i = \frac{I}{41}.$$

2° Cherchons la résistance réduite ρ des dérivations.

On a
$$\frac{1}{\rho} = \frac{1}{0,5} + \frac{1}{20},$$

d'où
$$\rho = \frac{1}{2,05} = 0^{\text{ohm}},4878.$$

Or, si le galvanomètre était seul dans le circuit la résistance serait 20^{ohms} et l'intensité serait $I = \dfrac{e}{20}$; pour que cette intensité reste la même lorsque le galvanomètre est shunté, il faut ajouter une résistance x telle que l'on ait

$$I = \frac{e}{0,4878 + x},$$

d'où
$$x = 20 - 0,487 = 19^{\text{ohms}},5122.$$

§ V. — Applications de l'électricité : Éclairage.

85. *La résistance du fil de charbon d'une lampe à incandescence de 16 bougies est, à chaud, de 140 ohms. Sachant que cette lampe consomme 3 watts par bougie, on demande :*

1° L'intensité du courant électrique dans la lampe ;

2° La différence de potentiel aux bornes ;

3° Le coût par heure de cet éclairage lorsque l'hectowatt-heure revient à 0ᶠ,055.

La puissance consommée par la lampe est de $3 \times 16 = 48$ watts.

La formule de Joule, $I^2R = P$, donne immédiatement

$$P = \frac{48}{140},$$

et, par suite, $\qquad I = \sqrt{\dfrac{48}{140}} = 0^{amp},181.$

La loi d'Ohm $E = IR$ donne, pour la valeur de E,

$$E = 0,181 \times 140 = 82 \text{ volts environ.}$$

La dépense par heure d'éclairage est

$$\frac{0,055 \times 48}{100} = 3^{centimes},12.$$

86. *Entre deux conducteurs* A *et* B *sont installées 5 branches de dérivation contenant chacune 2 lampes à incandescence en série. La résistance de chaque lampe est de 220 ohms et l'intensité nécessaire à chacune d'elles 0,5 ampère.*

1° Quelle est la différence de potentiel entre les conducteurs A *et* B*?*

2° Quelle est l'intensité totale du courant dans les conducteurs principaux en CD *et* C'D'*?*

3° Quelle est la dépense quand les lampes ont été toutes allumées pendant 6 heures, si le kilowatt-heure coûte 1ᶠ,20 ?

4° *En supposant que toute l'énergie électrique soit transformée en chaleur, quel est le nombre de calories produites ?*

1 calorie équivaut à 4,17 joules.

1° D'après une des lois de Kirchhoff, la différence de potentiel $V_A - V_B$ entre les conducteurs A et B est égale en volts au produit de l'intensité du courant, $0,5^{amp}$, qui parcourt l'une des dérivations par la résistance, $(220 \times 2)^{ohms}$, de cette dérivation :

$$V_A - V_B = 0,5 \times 220 \times 2 = 220^{volts}.$$

2° L'intensité du courant dans l'un des conducteurs principaux CD, C'D' est égale à la somme des intensités des 5 courants dérivés, ou à

$$5 \times 0,5 = 2^{amp},5,$$

3° Le travail P produit par seconde entre les conducteurs CD et C'D' est donné en joules par la formule

$$P = (V_A - V_B)I = 220 \times 2,5 = 550 ;$$

par heure, il est égal à 550 watts-heure et l'énergie consommée par les lampes en 6 heures est de

$$0,550 \times 6 = 3^{kw.-h},300$$

dont la dépense s'élève à

$$3,300 \times 1,20 = 3^{fr},96.$$

4° Cette énergie, exprimée en joules, est égale à

$$3300 \times 3600 = 1188 \times 10^4,$$

puisqu'un watt-heure vaut 3 600 joules.

Transformée en chaleur, à raison de 1 calorie pour 4^j,17, elle produira

$$\frac{1188 \times 10^4}{4,17} = 2848920 \text{ calories.}$$

II. — CHIMIE

§ I. — Formules des réactions. Combinaisons en poids et en volumes.

87. *On sait qu'en traitant le bioxyde de manganèse MnO^2 par l'acide chlorhydrique HCl, on obtient du chlore, du chlorure de manganèse $MnCl^2$ et de l'eau H^2O. Établir l'équation de la réaction.*

L'énoncé du problème donne l'égalité

$$x.MnO^2 + y.HCl = z.Cl + t.MnCl^2 + v.H^2O.$$

On a donc pour le manganèse . . . . $x = t$,

    —   l'oxygène . . . . $2x = v$,

    —   l'hydrogène . . . . $y = 2v$,

    —   le chlore . . . . $y = z + 2t$,

et par suite 4 équations pour 5 inconnues.

Mais nous pouvons donner à l'inconnue x, par exemple, la valeur 1, ce qui permet de déduire immédiatement les valeurs des autres inconnues :

$$x = t = 1,$$
$$v = 2x = 2,$$
$$y = 2v = 4,$$
$$z = y - 2t = 2.$$

L'équation de la réaction est donc

$$MnO^2 + 4HCl = MnCl^2 + 2H^2O + 2Cl.$$

88. *Combien faudra-t-il décomposer de chlorate de potassium pour obtenir 100 litres d'oxygène mesurés sur la cuve à eau à la pression 754mm et à la température de 20° ?*

Poids atomiques :   Cl = 35,5 ;   O = 16 ;   K = 39.

Force élastique maximum de la vapeur d'eau à 20° : 17mm,4.

Coefficient de dilatation des gaz :   α = 0,003 67.

Le poids du litre d'oxygène n'étant pas donné, nous le calculerons par la formule

$$m = \frac{16 \times 2}{22,3} = 1,43.$$

Le poids en grammes de 100 litres, pris dans les conditions de l'expérience, sera

$$M = \frac{100 \times 1,43 \times (754 - 17,4)}{760(1 + 20 \times 0,00367)} = 129^g,7.$$

Or l'équation

$$\underset{(122,5)}{ClO^3K} = KCl + \underset{(48)}{O^3}$$

montre que, pour obtenir 48g d'oxygène, il faut décomposer 122g,5 de chlorate de potassium ; donc, pour obtenir 129g,7 d'oxygène, il faudra décomposer

$$\frac{122,5 \times 129,7}{48} = 331^g \text{ de chlorate.}$$

89. *Un courant donne au voltamètre 120cm3 d'hydrogène par minute à 20° et sous pression 750. La tension de la vapeur d'eau acidulée est 17mm à cette température. On demande :*

1° L'intensité du courant ;

2° Le poids de CuO réduit en faisant passer cet H sur cet oxyde chauffé.

On sait qu'un courant d'un ampère libère 117mm3 d'hydrogène par seconde, à 0° et sous pression normale.

$$Cu = 63, \qquad O = 16.$$

(Éc. d'Arts et Métiers de Reims, 1909.)

1° Le courant donne au voltamètre 2^{cm^3} d'hydrogène par seconde à la température de 20° et à la pression $750 - 17$ ou 733^{mm} de mercure ; réduisons ce volume à 0° et à la pression 760 en appliquant la formule de Gay-Lussac :

$$V \times 760 = \frac{2 \times 733}{1 + 0,00367 \times 20},$$

d'où $\qquad\qquad V = 1792^{mm^3}.$

L'intensité I du courant qui met en liberté ce volume par seconde est de

$$I = \frac{1792}{117} = 15^{amp},4.$$

2° L'équation qui représente la réduction de CuO par H :

$$CuO + H^2 = Cu + H^2O,$$

montre que la molécule H^2, soit 22300^{cm^3}, réduit une molécule-gramme soit $63 + 16$ ou 79^g d'oxyde cuivrique ; donc $1^{cm^3},792 \times 60$ d'hydrogène réduiront en une minute un nombre x^g d'oxyde donné par la proportion

$$\frac{79}{22300} = \frac{x}{1,792 \times 60},$$

d'où $\qquad\qquad x = 0^g,384.$

90. *Dans une éprouvette graduée, placée sur une cuve à eau, on introduit de l'air qui occupe une hauteur de 25^{cm}, à la température de l'eau 15° et à la pression extérieure 750^{mm}, le niveau de l'eau étant le même dans la cuve et dans l'éprouvette. On absorbe l'oxygène à l'aide du phosphore. Quelle sera alors la hauteur du gaz restant, la température et la pression restant constantes pendant l'expérience ?*

Tension maximum de la vapeur d'eau à 15° : $F = 12^{mm},6.$ On prendra pour rapport des densités de l'eau et du mercure

$$\frac{d}{D} = \frac{1}{13,6}$$ *et on considérera comme invariable le niveau de l'eau dans la cuve.*

Soit s la section de l'éprouvette. Le volume d'air $25s$, à la pression $750 - 12,6$ ou $737^{mm},4$, renferme $0,79 \times 25s$ d'azote et $0,21 \times 25s$ d'oxygène, tous deux mesurés à la même pression et à la même température.

L'oxygène étant absorbé, il ne reste plus que de l'azote saturé de vapeur d'eau. Soit x^{cm} l'élévation de l'eau dans l'éprouvette.

Le gaz restant occupera un volume $(25 - x)s$ à 15° et sous la pression $737,4 - \dfrac{x}{13,6}$.

Appliquons la loi de Mariotte à l'azote :

$$0,79 \times 25s \times 737,4 = (25 - x)s\left(737,4 - \frac{x}{13,6}\right),$$

d'où l'équation

$$x^2 - 10056x + 52797 = 0.$$

La plus petite racine, inférieure à 25^{cm}, est seule acceptable ; elle a pour valeur $x = 3^{cm},7$.

91. *On prépare 50 litres d'Az par AzO^2AzH^4. On le recueille à 50° et, pour l'avoir sec, sur une cuve à SO^4H^2. Cet acide monte de 20^{cm} dans le récipient et le baromètre marque 780. Combien a-t-on employé de sel ? On supposera SO^4H^2 indilatable.*

$$
\begin{array}{llll}
Az = 14, & \text{densité de } SO^4H^2 : & 1,84, \\
O = 16, & \qquad - \qquad Hg : & 13,60, \\
H = 1, & \qquad - \qquad Az : & 0,97.
\end{array}
$$

(Éc. d'Arts et Métiers de Reims, 1911.)

Les hauteurs dans deux baromètres à liquides différents sont en raison inverse des densités ; les 20^{cm} dont l'acide sulfurique monte dans le récipient équivalent donc à une hauteur de mercure égale à

$$\frac{20 \times 1,84}{13,6} = 2^{cm},7.$$

La force élastique du gaz azote recueilli à 50° est donc de 780 — 27 ou de 753^{mm} en hauteur de mercure.

Réduisons les 50 litres à 0° et à la pression normale 760 par la formule connue des gaz parfaits :

$$V \times 760 = \frac{50 \times 753}{1 + \dfrac{50}{273}}$$

On trouve pour V la valeur

$$V = 41^l,8.$$

Ce volume représente un poids p de gaz :

$$p = 41,8 \times 0,97 \times 1,293 = 52^g,42.$$

L'azotite d'ammonium AzO^2AzH^4 se décompose par la chaleur en azote et en eau, et la molécule-gramme de ce sel $(28 + 32 + 4 = 64^g)$ donne 28^g d'azote. On a donc la proportion

$$\frac{28}{64} = \frac{52,42}{x},$$

d'où l'on tire

$$x = 119^g,8.$$

92. *On traite 16^g de cuivre par l'acide azotique en excès. Quelle est la formule de la réaction? Le gaz obtenu se transforme à l'air; on demande de déterminer le poids d'air supposé sec et pur qui sera nécessaire à cette transformation.*

$$Cu = 63; \qquad O = 16; \qquad Az = 14.$$

La réaction de l'acide azotique sur le cuivre se traduit par l'équation

$$\underset{189}{3Cu} + 8AzO^3H = 3(AzO^3)^2Cu + \underset{2 \times 30}{2AzO} + 4H^2O.$$

L'oxyde azotique AzO, en présence de l'oxygène, se transforme en peroxyde d'azote AzO^2, une molécule-gramme d'oxyde AzO, soit 30^g, s'emparant d'un atome-gramme d'oxygène, soit 16^g.

D'après l'équation précédente, 189^g de cuivre peuvent mettre en liberté 60^g d'oxyde azotique; 16^g de cuivre serviront à produire

$$\frac{60 \times 16}{189} = 5^g,079 \text{ d'oxyde AzO.}$$

D'autre part, 30^g d'oxyde AzO s'emparent de 16^g d'oxygène pour former AzO^2; les $5^g,079$ exigeront donc

$$\frac{16 \times 5,079}{30},$$

et, comme l'oxygène ne forme que les $\frac{23}{100}$ de l'air en poids, la transformation demandera un poids d'air égal à

$$\frac{16 \times 5.079}{30 \times 0,23} \text{ ou } 11^g,77.$$

93. *Calculer les quantités de chlorure de sodium et d'acide sulfurique qu'il faudrait employer pour préparer 10 litres de gaz acide chlorhydrique à la pression ordinaire, sachant que la densité de ce gaz est de 1,25 et que les poids atomiques du sodium, du chlore, du soufre, de l'oxygène et de l'hydrogène sont respectivement 23, 35,5, 32, 16 et 1.*

(Éc. d'Arts et Métiers, 1909.)

Si la préparation de l'acide chlorhydrique est celle des laboratoires (ce que l'énoncé laisse supposer, étant donné le petit volume de gaz à obtenir), la température n'étant pas très élevée (*), il y a production de sulfate acide de sodium et l'équation de la réaction est

$$NaCl + SO^4H^2 = SO^4NaH + HCl.$$

(*) Dans le cas de la préparation industrielle on aurait :
$$2NaCl + SO^4H^2 = SO^4Na^2 + 2HCl.$$

Les poids moléculaires de NaCl, de SO^4H^2, de SO^4NaH et de HCl étant respectivement

$$23 + 35,5 = 58,5, \qquad 32 + 64 + 2 = 98,$$

$$32 + 64 + 23 + 1 = 120 \qquad et \qquad 35,5 + 1 = 36,5,$$

on en déduit (*), en prenant les valeurs des molécules-grammes, 58g,5 de NaCl + 98g de SO^4H^2 produisent 120g de sulfate + 36g,5 d'acide chlorhydrique.

Par suite, pour produire le poids de 10 litres d'acide chlorhydrique qui est

$$10 \times 1,25 \times 1,293, \qquad ou \qquad 16g,16,$$

il faudra

$$\frac{58,5 \times 16,16}{36,5} = 25g,90 \text{ de NaCl}$$

et

$$\frac{98 \times 16,16}{36,5} = 43g,40 \text{ de } SO^4H^2.$$

REMARQUE. — On sait que le volume de la molécule-gramme HCl représente $22^l,3$; on aurait donc pu résoudre le problème sans la donnée de la densité de HCl en écrivant les deux proportions :

$$\frac{58,5}{22,3} = \frac{x}{10} \qquad et \qquad \frac{98}{22,3} = \frac{y}{10},$$

x représentant le poids de NaCl et y celui de SO^4H^2.

94. *Quel poids de minerai de manganèse renfermant 38,6 % de bioxyde et quel poids d'une solution d'acide chlorhydrique faut-il employer pour préparer 50 litres de chlore, sachant que la solution chlorhydrique renferme 24,78 % d'acide ?*

Poids atomiques : Mn = 55 ; O = 16 ; Cl = 35,5.

(*) Dans les problèmes nous mettons cette traduction de l'équation de réaction sous la forme suivante :

$$NaCl + SO^4H^2 = SO^4NaH + HCl.$$
$$58,5 \qquad 98 \qquad 120 \qquad 36,5$$

L'équation correspondant à cette préparation du chlore est

$$MnO^2 + 4HCl = MnCl^2 + 2H^2O + Cl^2 ;$$
$$\quad(87) \qquad (146) \qquad\qquad\qquad\qquad (71)$$

par suite, en opérant sur les molécules-grammes et en remarquant que 71ᵍ de chlore occupent un volume de 22ˡ,3, on a :

Poids m de bioxyde MnO^2 nécessaire à la préparation de 50 litres de chlore :

$$m = \frac{87 \times 50}{22,3} = 195ᵍ ;$$

Poids x de minerai renfermant 195ᵍ de bioxyde MnO^2 :

$$x = \frac{100 \times 195}{38,6} = 505ᵍ ;$$

Poids m' d'acide chlorhydrique HCl :

$$m' = \frac{146 \times 50}{22,3} = 327ᵍ ;$$

Poids y de solution chlorhydrique :

$$y = \frac{100 \times 327}{24,78} = 1\,320ᵍ \text{ environ.}$$

95. *Sur 40ᵍ de carbonate de calcium placés dans un flacon à moitié rempli d'eau, on verse un excès d'acide chlorhydrique de manière à obtenir la décomposition complète du carbonate. On demande quel sera le volume de gaz carbonique mis en liberté, le gaz étant mesuré à 20° et à la pression 760ᵐᵐ.*

Poids atomiques : $C = 12$; $Ca = 40$; $O = 16$.

L'équation

$$CO^3Ca + 2HCl = CaCl^2 + H^2O + CO^2$$
$$\quad(100) \qquad\qquad\qquad\qquad\qquad (44)$$

montre que 100ᵍ de carbonate produisent 44ᵍ d'anhydride. Or la molécule-grammé 44 de ce gaz représente un volume de 22ˡ,3 à 0° et à la pression 760^{mm}; on en conclut que 40^g de carbonate donneront dans les mêmes conditions

$$\frac{40 \times 22,3}{100} = 8^l,92.$$

Ces 8^l,92 occupent à 20° et à la pression 750^{mm} un volume V donné par la relation des gaz parfaits :

$$\frac{V \times 750}{1 + 0,00367 \times 20} = 8,92 \times 760,$$

d'où

$$V = 9^l,7 \text{ environ.}$$

96. *On chauffe 100^g de charbon pur en présence d'un excès d'acide sulfurique concentré jusqu'à ce que le charbon ait complètement disparu. Quelle est la composition du mélange gazeux qui se dégage? Quels sont les poids des composés formés ?*

Si le charbon était remplacé par un même poids de mercure, quelle serait la réaction ?

Dans ce dernier cas, on supposera que le produit gazeux mélangé avec un excès d'oxygène passe sur une éponge de platine légèrement chauffée. Dans l'hypothèse où l'oxydation serait complète, quel serait le poids du composé formé ?

Poids atomiques : C = 12; Hg = 200; S = 32; O = 16.

1° Le mélange gazeux obtenu dans le premier cas est formé de vapeur d'eau, d'anhydride sulfureux et d'anhydride carbonique, d'après la réaction

$$2SO^4H^2 + C = 2SO^2 + CO^2 + 2H^2O,$$
$$\text{(196)} \quad \text{(12)} \quad \text{(128)} \quad \text{(44)} \quad \text{(36)}$$

d'où il résulte qu'avec 12 grammes de charbon on obtient

128^g de gaz sulfureux,

44^g de gaz carbonique,

36^g de vapeur d'eau ;

avec 100^g de charbon on obtiendra

$$\frac{128 \times 100}{12} = 1\,066^g,66 \text{ de gaz sulfureux,}$$

$$\frac{44 \times 100}{12} = 366^g,66 \text{ de gaz carbonique,}$$

$$\frac{36 \times 100}{12} = 300^g \text{ de vapeur d'eau.}$$

2° Quand on remplace le charbon par le mercure, on obtient un mélange d'anhydride sulfureux et d'eau d'après l'équation

$$\underset{(200)}{2SO^4H^2} + Hg = SO^4Hg + \underset{(64)}{SO^2} + \underset{(36)}{2H^2O},$$

qui montre que pour 100^g de mercure on obtient 32^g de gaz sulfureux et 18^g d'eau.

Or l'anhydride sulfureux passant sur la mousse de platine donne de l'anhydride sulfurique et, si l'on suppose l'oxydation complète, on a la réaction

$$\underset{(64)}{SO^2} + \underset{(16)}{O} = \underset{(80)}{SO^3}.$$

Donc les 32 grammes d'anhydride sulfureux de la 2° réaction peuvent fournir 40^g d'anhydride sulfurique.

97. *Une cavité de volume négligeable creusée dans le fond d'un corps de pompe, contient 50^g de carbonate de calcium et une ampoule renfermant un excès d'acide sulfurique. Le piston, dont le poids est 5^{kg} et la surface 1$^{dm^2}$, est d'abord appliqué sur le fond du corps de pompe ; mais, par un choc, l'ampoule est brisée et l'acide réagit sur le carbonate ; on demande à quelle hauteur le piston sera soulevé ; la température extérieure est de 20° et la pression atmosphérique de 760^{mm} (négliger les frottements).*

Poids atomiques : C = 12 ; O = 16 ; Ca = 40.

Coefficient de dilatation des gaz : $\alpha = \dfrac{1}{273}$.

Densité de l'hydrogène par rapport à l'air : 0,07.
Le poids du litre d'air à 0° et à 760ᵐᵐ est 1ᵍ,3.

De l'équation

$$CO^3Ca + SO^4H^2 = CO^2 + H^2O + SO^4Ca,$$
$$(100) \qquad\qquad (44)$$

on déduit que 100ᵍ de carbonate de calcium donneront 44ᵍ d'anhydride carbonique.

Le poids moléculaire de ce gaz étant 44, sa densité par rapport à l'hydrogène est $\dfrac{44}{2}$ et par rapport à l'air, $\dfrac{44}{2} \times 0,07$; par suite, le volume du gaz produit, ramené à 0° et à la pression 760ᵐᵐ, sera

$$\frac{22}{22 \times 0,07 \times 1,3} = 11^l \text{ environ.}$$

Or, le gaz carbonique est soumis dans le corps de pompe à une pression qui est la pression atmosphérique augmentée du poids du piston ; ce dernier exerce la même pression qu'une colonne de mercure de h centimètres, donnée par la relation

$$\frac{5\,000}{100} = h \times 13,6,$$

d'où $\qquad\qquad h = 3^{cm},67;$

ce qui donne, pour la valeur f de la force élastique du gaz,

$$f = 760 + 36,7 = 796^{mm},7.$$

Le volume V s'obtiendra par la relation des gaz parfaits :

$$11 \times 760 = \frac{V \times 796,7}{1 + \dfrac{20}{273}},$$

d'où $\qquad\qquad V = 11^l,25.$

Comme la section du corps de pompe est de 1ᵈᵐ², le piston sera soulevé à 11ᵈᵐ,25 ou 1ᵐ,125.

98. *Quel est le poids de chlorure de sodium nécessaire pour précipiter l'argent d'une pièce de 1 franc à l'état de chlorure d'argent ?*

Poids atomiques : Ag = 108 ; Na = 23 ; Cl = 35,5.

La pièce de 1^{fr} au titre de 0,835 renferme

$$0,835 \times 5 = 4^g,175 \text{ d'argent pur.}$$

Le métal traité par l'acide azotique sera converti en azotate d'argent et la solution d'azotate d'argent, traitée par le chlorure de sodium, donnera du chlorure d'argent, d'après l'équation

$$AzO^3Ag + NaCl = AgCl + AzO^3Na,$$
$$\underbrace{108}_{} \quad (58,5)$$

qui montre que $58^g,5$ de chlorure de sodium précipitent 108^g d'argent.

Il faudra donc, pour précipiter $4^g,175$ d'argent, prendre

$$\frac{58,5 \times 4,175}{108} = 2^g,26 \text{ de chlorure de sodium.}$$

99. *Une pièce de 1 franc est traitée par de l'acide azotique, à chaud et en excès, jusqu'à dissolution complète. A la liqueur refroidie on ajoute une solution de potasse jusqu'à ce qu'elle prenne une réaction alcaline. On demande :*

1° Quelle est la nature du produit formé ;

2° Quel sera le poids de ce précipité quand on l'aura lavé, séché et maintenu quelque temps au rouge sombre ;

3° Si l'on continue à chauffer le résidu, mais dans un courant d'hydrogène, ce qu'il adviendra définitivement.

Poids atomiques : Ag = 108 ; Cu = 63.

1° La pièce de 1^{fr} renferme

$$0,835 \times 5 = 4^g,175 \text{ d'argent}$$

et

$$0,165 \times 5 = 0^g,825 \text{ de cuivre.}$$

Voici la suite des transformations auxquelles on soumet cet alliage.

Action de l'acide azotique :

sur l'argent,

$$3Ag + 4AzO^3H = AzO + 2H^2O + 3AzO^3Ag; \quad (1)$$
$$(324) \qquad\qquad\qquad\qquad (510)$$

sur le cuivre,

$$3Cu + 8AzO^3H = 2AzO + 4H^2O + 3(AzO^3)^2Cu. \quad (2)$$
$$(189) \qquad\qquad\qquad\qquad (561)$$

Action de la potasse :

sur l'azotate d'argent,

$$2AzO^3Ag + 2KOH = 2AzO^3K + Ag^2O + H^2O; \quad (3)$$
$$(340) \qquad\qquad\qquad (232)$$

sur l'azotate de cuivre,

$$(AzO^3)^2Cu + 2KOH = 2AzO^3K + Cu(OH)^2. \quad (4)$$
$$(187) \qquad\qquad\qquad\qquad (97)$$

Action de la chaleur au rouge sombre :

sur l'oxyde d'argent,

$$Ag^2O = Ag^2 + O \text{ (oxyde réductible)}; \quad (5)$$
$$(232) \quad (216)$$

sur l'hydrate de cuivre.

$$Cu(OH)^2 = CuO + H^2O \text{ (oxyde irréduct. au rouge sombre).} \quad (6)$$
$$(97) \qquad (79)$$

Réduction de l'oxyde de cuivre par l'hydrogène :

$$CuO + H^2 = Cu + H^2O; \quad (7)$$
$$(79) \qquad\quad (63)$$

2° Le poids du précipité demandé dans la 2ᵉ partie du problème peut se déduire des réactions indiquées ci-dessus. Les deux premières donnant des azotates solubles, il n'y a pas de précipité.

Les poids de ces azotates, tirés des équations (1) et (2), sont 6ᵍ,57 pour l'azotate d'argent et 2ᵍ,45 pour l'azotate de cuivre.

Des équations (3) et (4) on tire :

Poids d'oxyde d'argent. . . . $\dfrac{232 \times 6,57}{340} = 4^g,483$

Poids d'hdyrate de cuivre. . . $\dfrac{97 \times 2,45}{187} = 1^g,27$

Poids total du précipité . . . . $5^g,753$

Des équations (5) et (6), on déduit :

Poids d'argent de l'oxyde . . . $\dfrac{216 \times 4,483}{232} = 4^g,1748$

Poids d'oxyde de cuivre. . . . $\dfrac{79 \times 1,27}{97} = 1^g,034$

Poids total du précipité au rouge sombre . . . . $5^g,2088$

3° Enfin, de l'équation (7) on tire :

Poids du cuivre réduit par l'hydrogène. . . . . . . $\dfrac{63 \times 1,034}{79} = 0^g,824$

Les nombres $4^g,1748$ et $0^g.824$ représentent très approximativement les poids d'argent et de cuivre contenus dans la pièce.

100. *On brûle 1^g de soufre dans 20 litres d'air à 100° et à 760ᵐᵐ, renfermés dans un ballon fermé. Le produit de la réaction est dirigé sur de la mousse de platine chauffée. (On supposera la réaction totale.)*

Indiquer :

1o le volume total des gaz après combustion ;

2° le volume total des gaz après l'action de la mousse de platine.

Toutes ces déterminations seront faites pour la température de 100°, de façon que tous les produits restent gazeux, la pression restant constante pendant toute l'expérience.

1° Par volume total des gaz, il faut entendre la somme des volumes des trois gaz, chacun d'eux étant ramené à la pression 76ᶜᵐ et à la température de 100°.

Les 20 litres d'air renfermaient, avant la combustion du soufre, $20 \times \dfrac{21}{100}$ d'oxygène et $20 \times \dfrac{79}{100}$ d'azote.

Cette combustion est exprimée par l'équation

$$S + O^2 = SO^2,$$
$$(32) \quad (32) \quad (64)$$

de laquelle il résulte que 32^g de soufre donnent deux volumes chimiques ou $22^l,3$ de gaz sulfureux à $0°$ et à la pression 76^{cm}; 1 gramme de soufre donnera, à $100°$ et à la pression 76^{cm},

$$\frac{22,3}{32}(1 + 0,367) = 0^l,95 \text{ de gaz sulfureux.}$$

Les volumes des trois gaz sont donc, après combustion :

Oxygène. . . . . $20 \times \dfrac{21}{100} - 0,95$;

Azote . . . . $20 \times \dfrac{79}{100}$;

Anhydride sulfureux . . . . $0^l,95$.

Le volume total n'a pas changé, car les $0^l 95$ d'oxygène ont été remplacés par un égal volume de gaz sulfureux, comme l'indique l'équation de combustion.

2° Le passage du gaz sulfureux sur la mousse de platine donne de l'anhydride sulfurique qui reste gazeux à la température de l'expérience

$$SO^2 + O = SO^3,$$
$$2 \text{ vol.} \quad 1 \text{ vol.} \quad 2 \text{ vol.}$$

d'où il résulte que le volume d'anhydride sulfurique formé est égal au volume du gaz sulfureux provenant de la première réaction, et que le volume d'oxygène absorbé est égal à sa moitié.

On a donc pour nouveaux volumes:

Azote . . . . $20 \times \dfrac{79}{100} = 15^l,8$

Anhydride sulfurique . . . . $0^l,95$

Oxygène. . . . . $\dfrac{20 \times 21}{100} - 0,95 - \dfrac{0,95}{2} = 2^l,775$

Volume total. . . . . . $= 19^l,525$

§ II. — Analyse eudiométrique.
Problèmes divers.

101. *Une analyse du gaz d'éclairage de la ville de Paris a donné la composition centésimale suivante en volumes :*

Hydrogène.	34,90	*Butylène*	2,40
Méthane.	45,58	*Sulfure d'hydrogène*	0,30
Oxyde de carbone.	6,64	*Azote.*	2,46
Éthylène	4,08	*Gaz carbonique.*	3,64

Calculer le poids d'air nécessaire à la combustion complète de 1^{m3} *de ce gaz, ainsi que le poids d'anhydride carbonique formé.*

Poids du litre d'oxygène : 1^{g},42 ; *du litre de gaz carbonique :* 1^{g},97.

1o *Poids de l'air nécessaire à la combustion.* — Les équations de combustion pour les différents gaz combustibles sont les suivantes :

$$H^2 + O = H^2O, \qquad (1)$$
$$CH^4 + 4O = CO^2 + 2H^2O, \qquad (2)$$
$$C^2H^4 + 6O = 2CO^2 + 2H^2O, \qquad (3)$$
$$C^4H^8 + 12O = 4CO^2 + 4H^2O, \qquad (4)$$
$$CO + O = CO^2, \qquad (5)$$
$$H^2S + 3O = SO^2 + H^2O. \qquad (6)$$

Les rapports des volumes d'oxygène employés pour brûler les gaz aux volumes de ces différents gaz sont donc :

pour l'hydrogène $\frac{1}{2}$ et pour l'hydrogène du mélange $\frac{1}{2} \times 34,90 = $ 17, 45

— CH^4 $\frac{4}{2}$ — le méthane — $2 \times 45,58 = $ 91, 16

— C^{2}H^4 $\frac{6}{2}$ — l'éthylène — $3 \times 4,08 = $ 12, 24

— C^{4}H^8 $\frac{12}{2}$ — le butylène — $6 \times 2,4 = $ 14, 40 pour le   CO $\frac{1}{2}$ et pour l'oxyde de carbone du mélange $\frac{1}{2} \times 6,64 =$ 3, 32

— H^2S $\frac{3}{2}$ —   le sulfure d'hydrogène — $\frac{3}{2} \times 0,30 =$ 0, 45

Volume total d'oxygène nécessaire pour brûler 100 litres de gaz : $139^l,02$
Volume d'oxygène nécessaire à la combustion de 1^{m3} de gaz : 1 390 litres.

Ces 1 390 litres d'oxygène représentent les $\dfrac{21}{100}$ du volume d'air qui les renferme. Le poids de cet air est donc

$$\frac{1\,390 \times 100}{21} \times 1,293 = 8\,588^g,4.$$

2° *Poids d'anhydride carbonique formé.* — Les mêmes équations montrent que pour 27 volumes d'oxygène employés à la combustion, il y a 16 volumes de gaz carbonique formé; donc, 1 390 litres d'oxygène formeront $\dfrac{1\,390 \times 16}{27}$ litres d'anhydride carbonique, ce qui représente une masse de

$$\frac{1\,390 \times 16}{27} \times 1,97 = 1\,623 \text{ grammes.}$$

102. *Quelle est, à 0° et sous la pression 76^{cm}, la masse du litre des gaz simples ou des vapeurs des trois corps suivants : oxygène, iode, phosphore, les deux premiers étant diatomiques, le troisième tétratomique? On donne leurs poids atomiques :* O = 16, I = 126, P = 31, *et la densité de l'hydrogène, 0,0695.*

Toute molécule-gramme d'un corps à l'état gazeux occupe le volume de la molécule-gramme d'hydrogène

$$\frac{2}{0,0695 \times 1,293} = 22^l,3 \text{ environ.}$$

On a donc, en représentant par n le nombre d'atomes de la molécule d'un corps simple et par p le poids de l'atome de ce corps :

$$\text{Poids du litre en grammes} = \frac{np}{22,3},$$

ce qui conduit aux résultats suivants pour les éléments donnés :

$$\text{1 litre d'oxygène pèse} \ldots \ldots \quad \frac{2 \times 16}{22,3} = 1^g,43 ;$$

$$\text{1 litre de vapeur d'iode pèse} \ldots \quad \frac{2 \times 126}{22,3} = 11^g,4 ;$$

$$\text{1 litre de vapeur de phosphore pèse} \quad \frac{4 \times 31}{22,3} = 5^g,6.$$

103. *L'analyse d'un gaz a donné pour composition centésimale :*

Azote . . . 82,352 ;   Hydrogène . . . 17,647.

Trouver la formule de ce gaz, sachant que sa décomposition a donné un volume d'azote égal à la moitié du sien.

Poids atomiques : Az = 14 ; H = 1.

Les nombres relatifs d'atomes des deux corps composants sont :

$$\text{pour l'azote,} \qquad \frac{82,352}{14} = 5,882 ;$$

$$\text{pour l'hydrogène,} \qquad \frac{17,647}{1} = 17,647.$$

Or, le rapport de ces deux nombres, $\dfrac{17,647}{5,882}$, est égal à 3 ; la formule répondant à cette première partie de l'analyse est donc $Az^n H^{3n}$; mais comme 2 volumes de ce corps renferment 1 seul volume d'azote, la seule formule acceptable est AzH^3.

104. *On fait passer dans un eudiomètre 100^{cm³} d'un mélange d'hydrogène, de méthane, d'éthylène et d'azote, puis 250^{cm³} d'oxygène. Après le passage de l'étincelle, il reste 190^{cm³} de résidu. Un fragment de potasse introduit dans ce résidu en* *absorbe* 105cm³ *; un fragment de phosphore absorbe ensuite* 70cm³ *du second résidu. Quelle était la proportion des gaz dans le mélange primitif ?*

Les 105cm³ de gaz absorbés par la potasse étant du gaz carbonique, il reste après cette absorption un mélange de   190 — 105 ou 85cm³ formés d'oxygène et d'azote.

Les 70cm³ absorbés par le phosphore étant de l'oxygène, il reste dans l'eudiomètre   85 — 70   ou 15cm³ d'azote.

Représentons par x, y, z les volumes respectifs d'hydrogène, de méthane et d'éthylène ; la somme de ces volumes est égale à 100 — 15 = 85cm³,   d'où l'équation

$$x + y + z = 85 ; \qquad (1)$$

d'autre part, les combinaisons effectuées par l'étincelle sont formulées par les équations

$$H^2 + O = H^2O,$$

$$CH^4 + 4O = CO^2 + 2H^2O,$$

$$C^2H^4 + 6O = 2CO^2 + 2H^2O,$$

qui montrent que l'hydrogène s'est combiné avec la moitié de son volume, soit $\dfrac{x}{2}$ d'oxygène ; le méthane s'est combiné avec deux fois son volume, soit $2y$ d'oxygène ; l'éthylène s'est combiné avec trois fois son volume, soit $3z$ d'oxygène et, comme le volume d'oxygène combiné est égal à   250 — 70 = 180cm³,   on a la seconde équation

$$\frac{x}{2} + 2y + 3z = 180. \qquad (2)$$

Enfin les deux dernières réactions montrent que le méthane donne son volume de gaz carbonique et l'éthylène le double de son volume, d'où la troisième équation

$$y + 2z = 105. \qquad (3)$$

On trouve pour solutions:

Volume d'hydrogène, $x = 20^{cm^3}$;
   —   de méthane, $y = 25^{cm^3}$;
   —   d'éthylène, $z = 40^{cm^3}$;
   —   d'azote, $= 15^{cm^3}$.

105. *Un mélange de chlorure et d'iodure d'argent pèse* 10^g ; *faisant passer sur ce mélange un courant d'hydrogène, il reste* $6^g,8$ *d'argent métallique.*

1° Combien le mélange renfermait-il de chlorure et d'iodure ?

2° Combien de chlore et d'iode ?

Poids atomiques :   Ag = 108 ;   Cl = 35,5 ;   I = 127.

1° Désignons par x et y les poids respectifs de chlorure et d'iodure ; on a $x + y = 10.$ (1)

D'autre part, le poids de la molécule AgCl étant

$$108 + 35,5 = 143,5$$

et celle de la molécule AgI étant

$$108 + 127 = 235,$$

les poids d'argent contenus dans x et dans y seront respectivement $\dfrac{108x}{143,5}$ et $\dfrac{108y}{235}$.

Écrivons maintenant que la somme de ces poids est $6^g,8$:

$$\frac{108x}{143,5} + \frac{108y}{235} = 6,8 \qquad (2)$$

Des équations (1) et (2) on tire

$$x = 7^g,5, \qquad y = 2^g,5.$$

2° Les $7^g,5$ de chlorure renferment un poids

$$\frac{35,5}{143,5} \times 7,5 = 1^g,9 \quad \text{de chlore,}$$

et les $2^g,5$ d'iodure renferment

$$\frac{127}{235} \times 2,5 = 1^g,3 \quad \text{d'iode.}$$

DEUXIÈME PARTIE

PROBLÈMES NON RÉSOLUS

I. — PHYSIQUE

PESANTEUR

§ I. — ACTION DE LA PESANTEUR SUR LES CORPS.

1°. — Notions sur les forces et le travail. — Unités C. G. S.

1. Exprimer en dynes la pression exercée sur le fond d'un vase par une colonne de mercure de 25^{cm^2} de base et de 20^{cm} de hauteur, sachant que la densité du mercure est 13,6 et que l'accélération de la pesanteur est de 980 U. C. G. S.

2. Calculer la puissance d'une chute d'eau dont le débit est de 75^{m^3} par minute et la vitesse 5^m par seconde : 1° en watts ; 2° en chevaux-vapeur.

3. Le ressort d'un dynamomètre subit un allongement de 5^{cm} pour une force de 10^{kg}. Quels allongements subira le ressort quand il soutiendra 1^{dm^3} d'eau, 1^{dm^3} de fer, 1^{dm^3} de marbre ? Densité du fer : 7,8 ; du marbre : 2,4.

4. Déterminer la résultante de deux forces rectangulaires dont les intensités sont 3 et $3\sqrt{3}$.

5. Déterminer la résultante de 3 forces rectangulaires dont les intensités sont 4, $2\sqrt{3}$ et 2.

6. Un poids de 10^{kg} est accroché à l'extrémité inférieure d'un fil vertical dont l'extrémité supérieure est fixée à un support horizontal ; on écarte le fil de sa position d'équilibre d'un angle de 45° ; calculer : 1° la force qui tend à ramener le poids dans sa position d'équilibre ; 2° la force qui tend le fil ; 3° le travail qu'il a fallu fournir pour écarter le fil de cet angle.

7. Deux forces parallèles $F_1 = 1^{kg},5$ et $F_2 = 2^{kg},5$ sont appliquées normalement aux extrémités A_1, A_2, d'une droite de 16^{cm} de longueur ; déterminer leur résultante.

On déplace ensuite la droite A_1A_2 en la faisant tourner de 30° autour du point A ; évaluer et comparer le travail de la résultante et la somme des travaux des composantes.

8. Une règle horizontale de poids négligeable et de 1 mètre de longueur repose par une extrémité sur un couteau horizontal ; l'autre extrémité est fixée au crochet d'un dynamomètre vertical. Déterminer les indications de ce dynamomètre quand on pose sur la règle un poids de 1^{kg} à une distance du couteau égale à 10, 20, 30 centimètres.

On fait avec la même règle, disposée comme il vient d'être dit, une seconde expérience qui consiste à placer à 10, 20, 30 centimètres du couteau des charges telles que le dynamomètre subisse une traction toujours égale à 5^{kg}. Déterminer ces charges.

(Lemoine et Vincent.)

2°. — CHUTE DES CORPS. — BALANCE

9. Un corps tombe du haut d'une tour qui a 100^m de hauteur. Combien de temps met-il à parcourir une longueur égale à la moitié de la hauteur de la tour et dont les extrémités sont à égale distance du pied de la tour et de son sommet ?

10. D'un point A on laisse tomber, sans vitesse initiale, un mobile, puis un second au moment où le premier a déjà parcouru 1^m. Au bout de combien de temps les deux mobiles seront-ils à 10^m l'un de l'autre ? Accélération de la pesanteur : $g = 9^m,81$.

11. Pendant combien de temps un corps, abandonné à lui-même, doit-il tomber pour parcourir 500 mètres dans les 2 secondes qui

vont suivre ? On prendra 9ᵐ,81 pour l'accélération de la pesanteur,
et on supposera qu'il s'agit d'une chute dans le vide.

12. Un projectile étant lancé verticalement de bas en haut avec
une vitesse initiale de 80 mètres à la seconde, calculer : 1° à quelle
hauteur il s'élèvera et combien il mettra de temps à s'élever à cette
hauteur ; 2° combien il mettra de temps à redescendre ; 3° sa vitesse
en revenant au point de départ.

13. Deux points A et B, situés sur une même verticale, sont distants de 80ᵐ. Du point A on laisse tomber un corps sans vitesse initiale. Au même instant on lance du point B, suivant la verticale et
de bas en haut, un second corps avec une certaine vitesse initiale.
Quelle est la valeur de cette vitesse pour que la rencontre se fasse
au moment précis où le deuxième corps commence à retomber ?
On donne l'accélération, $g = 9^m,8$.

14. Une balance a pour bras de fléau les longueurs l et l'. On
pèse un corps en le mettant dans
le plateau A : il faut placer p^{kg}
dans l'autre plateau pour lui faire
équilibre. On met ensuite le corps
dans le plateau B : il est équilibré
par p'^{kg} placés en A. On demande
le poids véritable du corps et le rapport des deux longueurs l et l'.

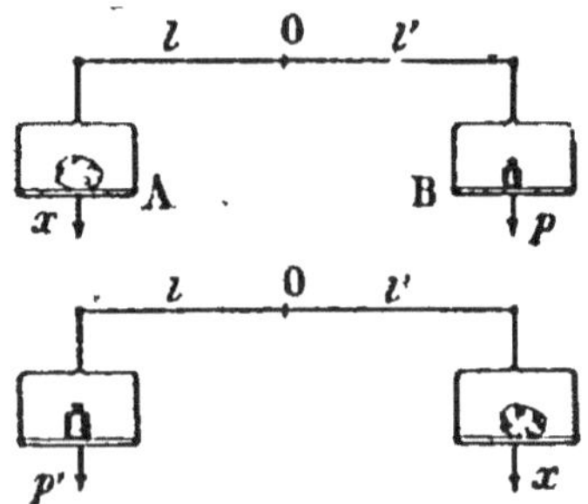

Application :
$$p = 1^k,125 ; \qquad p' = 1^{kg},150.$$

15. Avec une balance fausse dont le grand bras a une longueur
qui surpasse de $\dfrac{1}{100}$ celle du petit, un marchand a pesé 100ᵏᵍ,
moitié dans un plateau, moitié dans l'autre. A-t-il gagné ou perdu?

16. Une balance munie de ses plateaux A et B est en équilibre
quand les plateaux sont vides, mais quand on intervertit les plateaux on remarque que pour rétablir l'équilibre il faut placer 1ᵍ
dans le plateau A. Le plateau B pèse exactement 120ᵍ. On demande :

1° Le poids du plateau A ;
2° Le rapport des deux bras du fléau ;

3° Le poids qu'il faut mettre dans le plateau B pour équilibrer 1ᵏᵍ placé dans le plateau A, le fléau ayant été préalablement rendu horizontal par la surcharge de 1ᵍ placé dans ce plateau A.

§ II. — HYDROSTATIQUE

1°. — Pressions transmises par les liquides.
Vases communicants. — Presse hydraulique.

17. Il s'est déclaré à fond de cale d'un navire une voie d'eau de forme circulaire et d'un rayon de 0ᵐ,1. La hauteur verticale de l'eau, depuis son niveau à l'extérieur jusqu'au centre de l'ouverture, est de 3ᵐ,03. L'eau de mer a une densité de 1,026. On demande, à 1 hectogramme près, le poids qu'il faudrait maintenir sur le tampon qui bouche cette voie pour empêcher l'eau d'entrer.

18. Un corps de pompe cylindrique, dont la section intérieure a 3 décimètres de rayon, se trouve placé dans une position verticale et renferme une suffisante quantité d'eau. Sur la surface de l'eau presse un piston percé en son centre d'une ouverture circulaire dont le rayon est de 0ᵐ,05 et au-dessus de laquelle s'élève verticalement un long tube faisant corps avec le piston. Le piston et le tube ensemble pèsent 200 kilogrammes ; on demande à quelle hauteur l'eau s'élèvera dans le tube au-dessus de la base inférieure du piston. On néglige les frottements, de sorte que le poids de 200 kilogrammes représente, sans perte, la pression que le piston exerce sur le liquide qu'il touche.

19. Deux vases communiquent entre eux. L'un des vases contient du mercure, l'autre contient un liquide dont la densité est 0,78, la densité de l'eau étant prise pour unité. La hauteur du mercure est de 0ᵐ,15 au-dessus du plan qui passe par la surface de séparation des deux liquides. Quelle sera la hauteur du second liquide au-dessus de ce même plan.

20. Un tube de verre ABCDE est formé de deux cylindres AB, DE de section S et de hauteur *h* réunis par un tube BCD de section *s*. Il contient du mercure, de densité *d*, jusqu'au niveau BD.

On verse de l'eau dans le vase AB jusqu'au moment où il est complètement rempli. On demande d'évaluer la dépression du mercure dans le tube BC.

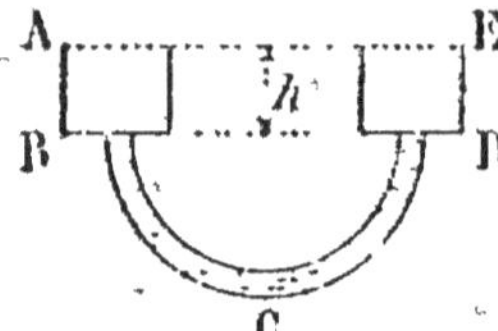

Application numérique : $d = 13,6$;

$$\frac{s}{S} = \frac{1}{10} ; \quad h = 13^{cm},95.$$

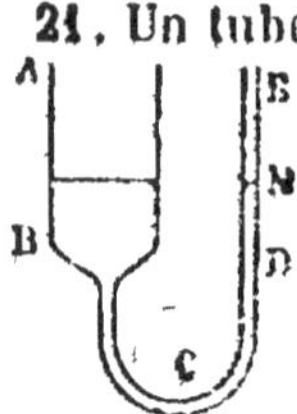

21. Un tube recourbé ABCDE se termine par deux branches cylindriques verticales AB et DE, dont les diamètres sont respectivement 6^{cm} et 1^{cm}. On verse du mercure dans le tube jusqu'à ce que le niveau M, dans la branche DE, soit à 30^{cm} de l'extrémité E ; puis on achève de remplir le tube DE avec de l'eau. On demande de déterminer quelle sera alors la position de la surface de séparation du mercure et de l'eau, dans le tube DE.

On place ensuite, dans le tube AB, un cylindre, du poids de 4^{kg}, reposant sur la surface du mercure, et faisant fonction de piston. On demande de déterminer la nouvelle position de la surface de séparation de l'eau et du mercure dans le tube DE,

22. Deux vases cylindriques verticaux A et B communiquent par un tube inférieur et contiennent de l'eau qui s'élève primitivement à la même hauteur dans chacun d'eux.

On introduit dans le cylindre A un piston qui le ferme exactement, mais peut glisser sans frottement appréciable. On constate alors qu'il s'établit entre les deux niveaux du liquide une différence h.

Puis on charge le piston d'un poids P : la différence des niveaux augmente de h'.

On demande quelle est la section du cylindre A, sachant que celle de B est de 3 centimètres carrés, et quel est le poids du piston.

Application numérique :

$$h = 12^{cm} ; \qquad h' = 40^{cm} ; \qquad P = 2^{kg},5.$$

23. Deux vases identiques A et B, de 6^m de profondeur, sont réunis par un tube MRN de grande longueur et de section égale à 20^{cm^2}. Ce tube est exactement rempli de mercure jusqu'en M et N (ces deux ouvertures sont dans un même plan horizontal). Sur le mercure, en N, se trouve un piston P pesant 30^{kg} et pouvant se

déplacer sans frottement dans le cylindre B. On verse dans le cylindre A de l'eau jusqu'à ce qu'il soit complètement rempli. L'eau refoule le mercure en M' et celui-ci soulève le piston jusqu'en N'. Évaluer la distance x des niveaux M' et N' en supposant que le rapport $\dfrac{s}{S}$ des sections du tube MRN et du vase B est égal à $\dfrac{1}{10}$.

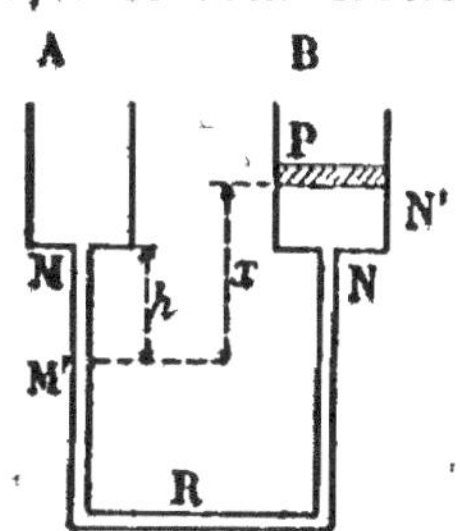

Densité du mercure : 13,6

24. Deux réservoirs de section très grande contiennent : l'un de l'eau, l'autre de l'huile de densité 0,864. Ils sont réunis par un tube en U, de faible section ; la surface de séparation de l'eau et de l'huile est dans le tube en U à $0^m,50$ au-dessous du niveau de l'eau. On demande :

1° Quelle est la différence de niveau entre l'eau et l'huile dans les deux réservoirs ;

2° De combien s'abaissera la surface de séparation si l'on exerce à la surface libre de l'eau une pression de 1^{mm} de mercure.

25. Un vase de masse m se compose de deux parties cylindriques ABCD, EFGH.

On l'a rempli d'eau jusqu'au niveau ab et posé sur l'un des plateaux d'une balance de Roberval exacte.

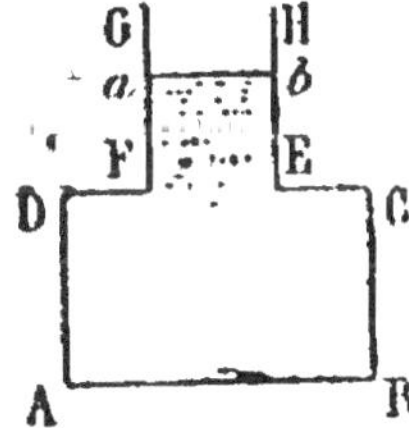

Le cylindre inférieur a une section horizontale S et une hauteur H ; l'autre a une section s, et l'eau le remplit jusqu'à la hauteur h.

1° Quelles pressions exerce le liquide sur la surface totale du fond AB, et sur la surface annulaire CEFD ; et quelle masse faudra-t-il mettre dans l'autre plateau de la balance pour faire équilibre à cet appareil ?

2° On laisse tomber sur cette eau un corps de masse M et tel qu'il flotte à la surface. Quelle augmentation de pression sur le fond total du vase en résulte-t-il et comment pourra-t-on ramener la balance à l'équilibre ?

Application numérique :

$$M = 2^{kg}; \qquad S = 5^{dm^2}; \qquad H = 12^{cm};$$
$$m = 0^{kg},4; \qquad s = 2^{dm^2}; \qquad h = 8^{cm},$$

On exprimera les pressions en dynes, puis en kilog-poids.

(Inst. cath. d'Arts et métiers de Lille, 1905.)

26. En supposant que les deux pistons d'une presse hydraulique soient cylindriques et aient l'un r centimètres, l'autre R centimètres de rayon de base, on demande quel poids pourra soulever, à l'aide de cette presse, un homme exerçant une force de p kilogrammes sur le petit piston. Si la course de ce piston est égale à l centimètres, quel sera pour chaque coup le déplacement du grand piston? Quel sera le travail moteur et le travail résistant?

2°. — Principe d'Archimède.
Ses applications à la recherche des densités.

27. On suspend au-dessous des plateaux d'une balance hydrostatique, supposée juste, d'un côté un corps, de l'autre des poids marqués, mais en immergeant le corps et les poids marqués dans un même liquide.

Dans une première expérience, ce liquide est de l'eau. Les poids qui produisent l'équilibre ont pour valeur $11^g,43$.

Dans une seconde expérience, le liquide a pour densité 0,8. Les poids qui établissent l'équilibre ont pour valeur $13^g,33$.

Sachant que la substance qui constitue les poids marqués a pour densité 8, on demande : 1° la densité du corps ; 2° son poids.

28. On suspend au-dessous du plateau d'une balance un poids cylindrique en métal de poids P ; l'équilibre étant établi, on immerge le poids complètement dans un liquide de densité D, son poids diminue et devient égal à p ; on immerge ensuite la même masse métallique dans un autre liquide, son poids devient alors égal à p'. On demande : 1° la densité du second liquide ; 2° la densité du poids cylindrique.

Application :

$$P = 1^{kg},452; \qquad p = 1^k,382;$$
$$p' = 1^{kg},397; \qquad D = 1,113.$$

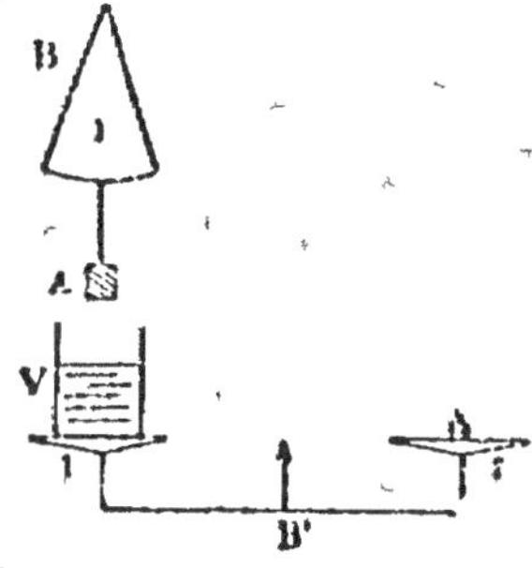

29. Un corps A est suspendu par un fil au plateau 1 d'une balance hydrostatique en équilibre B. On abaisse le fléau de cette balance jusqu'à ce que le corps A plonge entièrement dans un vase V rempli d'eau et porté par le plateau 1 d'une seconde balance B'.

On rétablit l'équilibre des deux balances, d'une part en ajoutant 50ᵍ au plateau 1 de la balance B, d'autre part avec une certaine tare placée dans le plateau 2 de la balance B'. On coupe alors le fil de suspension du corps A. Comment modifier la tare du plateau 2 pour rétablir l'équilibre de la balance B'? La densité du corps A est égale à 12.

30. Sur une poulie passe un fil de masse négligeable aux extrémités duquel sont suspendus :

1º Un cylindre de cuivre de densité 8,8 et de 20cm de long ;

2º Un cylindre de fer de densité 7,8 et de 15cm de long.

Le cylindre de cuivre plonge entièrement dans l'eau dont la densité est prise égale à 1, et le cylindre de fer plonge complètement dans l'alcool dont la densité est 0,8.

L'équilibre a lieu dans ces conditions. On enlève alors le vase qui contient l'alcool, et on demande de quelle hauteur émergera le cylindre de cuivre quand l'équilibre sera de nouveau établi.

31. Sur l'un des plateaux A d'une balance de Roberval, supposée juste, on a mis un vase C contenant de l'eau, et à côté de lui des poids marqués. L'autre plateau B fait équilibre au premier au moyen d'une tare et porte une potence au bout de laquelle est suspendu par un fil fin un corps D de poids P qui plonge dans l'eau du vase C, sans en toucher le fond.

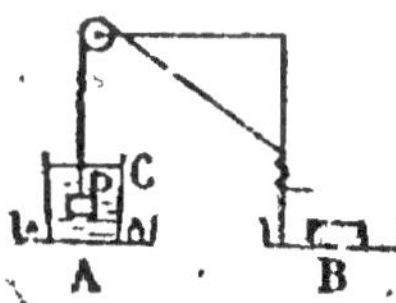

Dénouant le fil qui était attaché à la potence, on laisse le corps reposer sur le fond du vase et on demande :

1º Ce qui arrivera ;

2º Si l'équilibre est rompu, quels poids il faudra mettre ou enlever pour rétablir l'équilibre horizontal du fléau ;

3° Quel est le poids spécifique du corps si $P = 24^g,64$ et si la somme des poids qu'il faut ajouter au plateau A, pour rétablir l'équilibre, quand on raccourcit le fil auquel le corps est suspendu de manière à le maintenir hors de l'eau, est de $6^g,4$.

32. Dans un vase entièrement rempli d'eau, taré et muni d'un trop-plein, on introduit un corps solide insoluble ; de l'eau s'écoule en dehors de la balance et il faut ajouter $20^g,75$ du côté de la tare pour rétablir l'équilibre. Si le vase avait été rempli d'huile de densité 0,9, l'augmentation de masse du vase après addition du corps eût été de $21^g,75$. Dire :

1° Quelle est la masse du corps ;
2° Quelle est sa densité ;
3° Quel est son volume.

33. Une sphère de platine et un cylindre de fonte sont suspendus aux extrémités du fléau d'une balance supposée juste. La sphère plonge dans le mercure, le cylindre dans l'eau.

La hauteur du cylindre est égale au diamètre de la sphère.

Quel doit être le diamètre de sa base pour qu'il y ait équilibre ?

Densité du platine : 21 ; de la fonte : 7,8 ; du mercure : 13,6.

34. Un morceau de liège pèse 30^g dans l'air. On l'attache à l'extré-

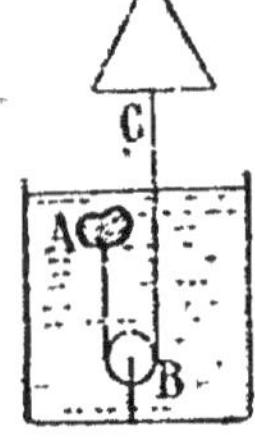

mité A d'un fil qui passe sur une poulie verticale B fixée au fond d'un vase plein d'eau. L'autre extrémité C du fil est attachée à l'un des plateaux d'une balance. On met dans l'autre plateau 95^g et, dans ces conditions, le liège est entièrement plongé dans l'eau et le fléau horizontal. On demande la densité du liège.

35. Une sphère métallique creuse, d'épaisseur uniforme, flotte sur un liquide de densité d, de telle sorte que son centre se trouve au niveau de la surface libre ; la cavité intérieure de la sphère a un volume égal à v ; la densité du métal est égale à d'. Quel est le poids de cette sphère ?

36. Une sphère creuse en aluminium a un diamètre extérieur de 12^{cm} et un diamètre intérieur de 11^{cm}. Elle est lestée par un morceau de plomb dont le volume est de 3^{cm3}. Le système plonge dans un liquide où il se maintient en équilibre ; trouver la densité de ce liquide.

37. Un morceau de liège pèse 30ᵍ dans l'air et un morceau de plomb 110ᵍ dans l'eau. Le liège et le plomb liés ensemble sont suspendus par un fil à l'un des plateaux d'une balance et plongés entièrement dans l'eau ; le système ne pèse plus alors que 15ᵍ. Quelle est la densité du liège ?

38. Un corps de densité 10,5 flotte à la surface de séparation de deux liquides de densités, 13,6 et 1,2. Quel est le rapport des volumes immergés dans les deux liquides ?

39. Une sphère creuse, en laiton, pèse 500ᵍ dans l'air et 425ᵍ dans l'eau ; la densité du laiton est 8,4. Calculer le volume du laiton qui entre dans la sphère et le volume de la cavité intérieure.

40. Quelle est la longueur du cylindre de platine qu'il faut fixer au bout d'un cylindre d'acier de 0ᵐ,20 de longueur, pour qu'il se soutienne verticalement dans le mercure, la base supérieure du cylindre étant de 0ᵐ,03 au-dessus du niveau du liquide ?
Densités : platine : 21,12 ; acier : 7,8 ; mercure : 13,60.

(Éc. d'Arts et Métiers de Reims, 1906.)

41. Sur de l'huile de densité 0,915 on pose un morceau de liège ayant la forme d'un parallélépipède rectangle de dimensions 7ᶜᵐ,5 de longueur, 3ᶜᵐ,2 de largeur et 2ᶜᵐ d'épaisseur.
Sachant que la densité du liège est 0,24, de combien émergera-t-il ?
Surnagera-t-il si l'on pose sur ce morceau de liège une pièce de 5ᶠʳ ? S'il surnage, de combien émergera-t-il ?

42. Un vase vide pèse 100ᵍ ; plein de mercure (densité : 13,5), il pèse 7ᵏᵍ,4. Déterminer sa capacité intérieure.
On le plonge plein de mercure dans un liquide de densité 0,8 ; il pèse 6 570ᵍ.
Déterminer le volume des parois du vase et la densité de la matière qui les forme.
On veut que le vase supposé fermé ait la même densité moyenne que l'eau, de façon à s'y maintenir immergé en équilibre sans aller

au fond ni à la surface ; quel volume de grenaille dé plomb faut-il y introduire (densité du plomb : 11,3)?

On suppose que l'air n'intervient pas dans les pesées,

43. Un cône droit en fer dont l'angle au sommet est de 30° plonge verticalement la pointe en bas dans du mercure et s'y enfonce de 5ᶜᵐ. Calculer sa hauteur sachant que les densités du fer et du mercure sont respectivement 7,8 et 13,5.

On verse ensuite un second liquide sur le mercure jusqu'à ce que le cône soit entièrement recouvert ; on constate qu'il ne s'enfonce plus alors que de 4ᶜᵐ,9 dans le mercure. Quelle est la densité du second liquide?

44. Un large bloc de glace prismatique flotte sur l'eau de mer de manière que ses arêtes soient verticales; la face supérieure du bloc dépasse de 1ᵐ le niveau de l'eau. On demande :

1° Quelle est la profondeur de la glace au-dessous du niveau de l'eau, sachant que la densité de la glace est 0,93 et celle de l'eau de mer 1,03.

2° De quel poids il faudrait charger le bloc pour le faire enfoncer de 50 centimètres.

45. Un lingot formé d'or et d'argent pèse p grammes ; plongé dans l'eau, il perd p' grammes. On demande quelle est sa composition, sachant que la densité de l'or est d, celle de l'argent est d', $(d' < d)$. On admet qu'en alliant l'or et l'argent il ne s'est produit ni dilatation, ni contraction.

46. Pour déterminer le poids spécifique d'un corps soluble dans l'eau, mais insoluble dans l'éther, on emploie la méthode du flacon. Les données expérimentales sont les suivantes :

Poids du flacon vide. . . , ...	16ᵍ,349
Poids du flacon contenant la substance.	20 ,624
Poids du flacon contenant la substance et rempli d'éther jusqu'au trait. . .	63 ,604
Poids du flacon plein d'éther	61 ,299
Poids du flacon plein d'eau	77 ,092

La température étant égale à 4° centigrades, on demande d'établir, d'après les données précédentes, le poids spécifique de la substance en grammes.

3°. — Aréomètres.

47. Un aréomètre de Baumé, à tige bien cylindrique, s'enfonce jusqu'à la 66° division dans l'acide sulfurique, dont la densité est 1,8 ; on demande : 1° quelle est la densité de l'eau salée qui sert à la graduation de l'instrument ; 2° quel est le rapport du volume de l'aréomètre jusqu'à 0° à celui d'une division.

48. Cent grammes d'une solution de sel marin renferment 10ᵍ de sel et la densité de la solution est 1,07. Quel poids de sel faut-il ajouter à la solution pour que sa densité devienne 1,2 ? On supposera que le sel se dissout sans contraction.

49. Une solution saline de densité 1,32 marque 35° à un aréomètre Baumé.

1° Quel poids d'eau faut-il ajouter à 100ᵍ de dissolution pour que son degré s'abaisse à 25 ? 2° Quel degré l'acide sulfurique de densité 1,84 marquerait-il à cet aréomètre ?

50. Un aréomètre de Fahrenheit à volume constant flotte dans un liquide de densité 0,73 et une surcharge de 8ᵍ,59 produit l'affleurement au trait marqué. Lorsqu'il flotte dans un liquide de densité 1,85, il faut pour produire l'affleurement une surcharge de 101ᵍ,55. On demande :

1° Quel est le poids de l'aréomètre ;

2° Quelle surcharge il faut y ajouter pour le faire affleurer dans l'eau pure.

51. On mélange 3 parties d'eau, en volume, à 5 parties, en volume, d'acide sulfurique. Le mélange étant refroidi, on y plonge un corps solide qui subit une poussée de 15ᵍ,73. Dans l'eau, le même corps perdrait de son poids 10ᵍ, dans l'acide sulfurique 18ᵍ,4. On demande : 1° s'il y a eu contraction au moment du mélange ; 2° si cela est, la valeur de cette contraction ; 3° combien 100 volumes du mélange contiennent de volumes d'acide sulfurique et de volumes d'eau.

52. On mélange par parties égales de l'eau et de l'alcool absolu dont la densité par rapport à l'eau est 0,79. On constate qu'il se produit par le mélange une contraction de $\dfrac{1}{20}$ du volume total.

On demande quel degré marquera ce mélange : 1° à l'alcoomètre centésimal ; 2° au pèse-liqueur de Baumé (pour les liquides plus légers que l'eau), sachant que ce dernier marque 0^d dans une dissolution de densité 1,075 et 10^d dans l'eau. On négligera l'influence de la capillarité.

53. Étant donné un aréomètre de Baumé pour liquides plus denses que l'eau, on constate que si on vient à en diminuer le poids de 2^g en enlevant de la grenaille de plomb à son intérieur, il s'enfonce dans l'eau pure jusqu'à la division 15 de la tige.

Sachant qu'une dissolution de sel marin contenant 85 parties d'eau et 15 parties de sel a une densité de 1,114, on demande quels sont pour cet aréomètre : son volume jusqu'au zéro de la tige ; le volume d'une division ; son poids initial.

54. Soient s la section de la tige d'un aréomètre de Gay-Lussac, L la longueur de cette tige entre les points 0 et 100, et V le volume de l'instrument depuis son extrémité inférieure jusqu'au 0. En supposant que le mélange d'alcool et d'eau se fasse sans contraction, démontrer :

1° Qu'on pourrait graduer l'appareil en le plongeant dans l'eau, dans l'alcool absolu de densité d et dans un mélange de n volumes d'alcool et de $(100 - n)$ volumes d'eau ;

2° Que l'intervalle entre deux divisions consécutives irait en grandissant du point 0 au point 100.

4°. — Aérostats. — Corrections des pesées.

55. Quel serait au minimum le rayon qu'il faudrait donner à une enveloppe sphérique de cuivre d'une épaisseur de $0^{mm},1$ et parfaitement vide pour qu'elle pût se soutenir dans l'air à 0° et sous la pression normale de 76 centimètres ? La densité du cuivre à 0° est 8,85 ; la masse du cm^3 d'air est $0^g,001\ 293$.

56. On remplit un vase d'un gaz, plus dense que l'air, de densité d, et on y plonge un ballon de volume V, rempli d'air et dont l'enveloppe pèse p. On demande : 1° de déterminer la position d'équilibre que prendra le ballon par rapport à la masse du gaz ; 2° dans quel rapport de volume il faut mélanger l'air et le gaz pour que le

ballon flotte dans le mélange. On suppose que la température est
0° et que le poids du litre d'air est 1g,3.

57. Un aérostat sphérique de diamètre D est construit avec du
taffetas pesant ϖ par unité de surface du ballon. Calculer les proportions du mélange d'air et d'un gaz moins dense que l'air, de
densité d, dont il faudrait le remplir pour lui donner une force
ascensionnelle donnée F. On suppose que le gaz et l'air sont à 0°
et à la pression normale et on sait que, dans ces conditions, le poids
du litre d'air est 1g,3. — Application numérique : D = 10ᵐ,
ϖ = 250g par mètre carré, d = 0,069 (hydrogène), F = 400ᵏg.

58. Un morceau de platine posé sur l'un des plateaux d'une balance de précision est équilibré par des poids gradués posés sur
l'autre plateau et sur lesquels on lit 50g,624. Calculer le poids véritable de ce morceau de platine. Densité du platine : 21 ; du
laiton : 8,7 ; poids du litre d'air : 1g,293.

(Éc. d'Arts et Métiers, 1907.)

59. Dans un baroscope, la différence des poids absolus de la grosse
et de la petite boule est de 1g,25 ; la différence des volumes est telle
que, pour maintenir l'équilibre dans l'eau à 0°, il faut ajouter 8ᵏg,5.
Le baroscope est ensuite introduit dans l'air sec à 0°. Quelle sera la
pression de cet air lorsque le baroscope sera en équilibre ? — Densité de l'eau à   0° = 0,9998.

60. On suspend au-dessous des plateaux d'une balance deux sphères, l'une massive de rayon r, l'autre creuse, plus grande, de
rayon R, les deux rayons étant exprimés en centimètres. Elles se
font équilibre dans l'air à la pression atmosphérique mesurée par
une colonne de mercure de 76ᶜᵐ de hauteur. La balance est portée
dans un récipient plein d'un gaz de densité d, dont la tension en
colonne de mercure est de H centimètres, H étant plus grand que
76ᶜᵐ. De quel côté penchera le fléau et quel poids, en grammes, faudrait-il mettre dans l'un des plateaux pour rétablir l'équilibre ?

61. Évaluer la force ascensionnelle d'un ballon sphérique qui, étant
vide, pèse 65ᵏg et qui est rempli d'hydrogène pur. L'enveloppe pèse
200g par mètre carré. — Densité de l'hydrogène : 0,0695 ; poids
spécifique de l'air : 0,001 293.

62. Un ballon dont la force ascensionnelle est de 500^{kg} est rempli d'hydrogène dont le mètre cube pèse 80^g. Le poids du mètre cube d'air ambiant est de 1^{kg},3 ; le poids mort du ballon est de 100^{kg}. Calculer le rayon du ballon.

63. Un aérostat, de parois inextensibles, complètement gonflé d'hydrogène à la pression extérieure de 76^{cm} et dont les agrès pèsent 100^{kg}, possède au départ une force ascensionnelle de 10^{kg}. A quelle hauteur s'élèvera-t-il si l'on admet que la température ne varie pas, mais que la pression atmosphérique diminue régulièrement de 1^{mm} par 10^m d'ascension ?
Densité de l'hydrogène 0,07.

64. Une boule de cire et un morceau de platine se font équilibre dans les plateaux d'une balance parfaitement juste. Quel est le rapport des volumes de ces deux corps? On tiendra compte de la poussée exercée par l'air. Masse spécifique de la cire 0,96 ; du platine 21,5 ; de l'air, 0,0013.

5° — Statique des gaz. — Pression atmosphérique. Baromètres.

65. Une soupape pesant p^{kg} recouvre une ouverture de s^{dm^2}. On désire qu'elle ne s'ouvre que sous une différence de pression de n atmosphères. De quel poids faut-il la charger? — On suppose que l'atmosphère équivaut à H millimètres de mercure dont la densité est 13,6.

66. Un corps de pompe à axe vertical, de section S, de hauteur l, fermé par un piston de poids ϖ, renferme un poids P d'air sec. La pression extérieure est H et la température 0°. Quel effort faut-il exercer sur le piston pour le maintenir en équilibre ?
Application numérique: $S = 0^{m^2},02$; $H = 770^{mm}$; $l = 0^m,6$; $\varpi = 0^{kg},3$; $P = 40^g$; densité du mercure : 13,6 ; poids normal du litre d'air : 1^g,293.

67. On suppose que, depuis le niveau du sol jusqu'à 100 mètres de hauteur, le poids spécifique de l'air est constant et égal à $\frac{1}{770}$.
Quelle est, à cette hauteur de 100 mètres, la hauteur de la colonne

barométrique? On admet qu'à la surface du sol la pression atmosphérique est égale à 76cm de mercure.

68. La pression atmosphérique étant 733mm, on demande par quel
nombre elle serait indiquée dans un baromètre construit avec de
l'acide sulfurique, sachant que la densité du mercure est 13,59 et
celle de l'acide sulfurique 1,841.

69. Un levier portant un plateau DE tourne autour du point O ;
dans la position horizontale, ce système, considéré isolément, est

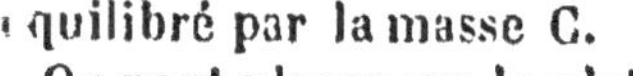

équilibré par la masse C.

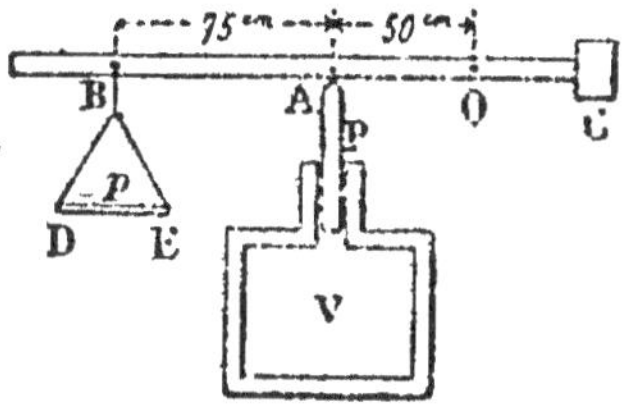

On peut placer sur le plateau DE des
poids p.

Dans le vase V, il y a une pression
de 7atm. Le piston plongeur vertical P,
de section circulaire, a 3cm de rayon ;
il pèse 4kg,5. La distance horizontale
OA de l'axe O au point d'application
du piston plongeur est de 50cm ; la distance horizontale AB est de
75cm. On demande quel poids il faut mettre sur le plateau pour
maintenir alors le levier horizontal. On suppose normale la pression atmosphérique.

70. On fait l'expérience de Torricelli avec de l'alcool au lieu de
mercure.

Calculer la hauteur à laquelle s'élève l'alcool sachant que la hauteur barométrique au moment de l'expérience est 74cm,45. La densité de l'alcool employé est 0,76 et la force élastique maximum
de sa vapeur 4,45 à la température de l'expérience.

71. Évaluer en kilogrammes l'effort nécessaire pour séparer
deux hémisphères de Magdebourg de 15cm de diamètre, sachant que
la pression atmosphérique est de 760mm et que la force élastique
des gaz restant dans les hémisphères est de 4mm.

Densité du mercure : 13,59.

72. Quel est l'effort nécessaire pour soutenir une cloche cylindrique pleine de mercure sur la cuve à mercure, la hauteur du
sommet intérieur de la cloche au-dessus du niveau du mercure
dans la cuve étant de 18cm, le diamètre intérieur de la cloche étant
de 6cm, la hauteur barométrique étant 0m,770 ?

Densité du mercure : 13,6. — On négligera le poids de l'éprouvelle, ainsi que l'épaisseur de ses parois.

§ III. — ÉLASTICITÉ DES GAZ

1º. — Loi de Mariotte.

73. A défaut de baromètre, on possède un tube de verre fermé à un bout et gradué en millimètres. On le remplit incomplètement de mercure et on le retourne sur une cuve de même liquide. La hauteur de la colonne de mercure est 650^{mm}.

En enfonçant alors le tube dans la cuve jusqu'à réduire au quart le volume occupé par l'air, on trouve que la hauteur n'est plus que de 287^{mm}. Déduire de cette expérience la valeur de la pression atmosphérique en kilogrammes par centimètre carré.

(*Inst. cath. d'Arts et Métiers de Lille, 1908.*)

74. De l'air s'étant introduit dans un baromètre à mercure, celui-ci indique une pression de 6θ^{cm} et la portion occupée par l'air a une longueur de 40^{cm}. On transporte alors le tube barométrique sur une cuvette profonde en ayant soin pendant le trajet d'éviter toute nouvelle rentrée d'air ; puis on enfonce le tube dans la cuvette, de manière à réduire la dénivellation à 15^{cm}. A ce moment la longueur de la chambre à air est devenue 10^{cm}. Déduire de ces données la valeur de la pression atmosphérique au moment de l'expérience. Le tube est supposé parfaitement cylindrique.

75. Une masse d'air à la pression de 3 atmosphères est emprisonnée dans un cylindre vertical ABCD par un piston M de poids P. On note la longueur CA = 10^{cm}.

On triple le poids P et on demande de calculer la hauteur dont descendra le piston dans le cylindre.

Pression atmosphérique extérieure, 76^{cm} de mercure. Densité du mercure, 13,6.

76. On donne un baromètre à siphon dans la chambre duquel se trouve de l'air occupant une longueur de 20^{cm} ; la différence des niveaux du mercure dans les deux branches est de 64^{cm}. On verse 15^{cm3} de mercure dans la branche ouverte ; la différence des niveaux

n'est plus alors que 56^{cm}. La section du tube est 1^{cm}. On demande :
1° quel est l'accroissement du niveau du mercure dans les deux branches ; 2° la pression atmosphérique.

77. Un cylindre creux vertical de 1^{dm2} de section et de 1^m de hauteur est ouvert dans l'atmosphère à sa partie supérieure. On place à l'entrée du cylindre un piston en fer parfaitement étanche et ayant 10^{cm} d'épaisseur. On le laisse enfoncer jusqu'à ce qu'il s'arrête de lui-même. A ce moment sa face inférieure est à 936^{mm} du fond du cylindre.

On demande quelle est la pression atmosphérique en colonne de mercure au moment de l'expérience.

Densités du mercure et du fer : 13,6 et 7,2.

78. Un cylindre disposé verticalement dans l'air est fermé à la partie inférieure par une paroi rigide et fixe, et à la partie supérieure par un piston P, parfaitement mobile, qui pèse sur le gaz contenu dans ce cylindre et le comprime. Le gaz occupe dans le cylindre une hauteur de 66^{cm}.

On retourne l'appareil de manière à placer le haut en bas. Le piston descend de 5^{cm}, la température étant restée constante.

On demande quel est le poids de ce piston.

La pression atmosphérique est mesurée par une colonne de mercure de 75^{cm} à 0°.

79. Un récipient ayant 1 litre de capacité et renfermant de l'air à la pression de 0^m,760 est ajusté, à l'aide d'une monture à robinet, à la partie supérieure d'un baromètre à cuvette, dont le tube a une longueur de 1 mètre. Cette longueur est comptée à partir du niveau du mercure dans la cuvette, lequel est censé invariable. La pression extérieure est 0^m,770. On ouvre le robinet qui fait communiquer le récipient et le baromètre, et le mercure, dans ce dernier, s'abaisse de manière à n'être plus qu'à 0^m,50 du niveau dans la cuvette. On demande quel est le diamètre du tube barométrique. La température ne change pas pendant l'expérience.

80. Un baromètre à siphon contient de l'air dans la chambre barométrique ; la différence de hauteur des niveaux est d'abord de 0^m,650. On ajoute du mercure dans la petite branche, jusqu'à ce que le volume de la chambre barométrique soit diminué de moitié ;

la différence de niveau est alors 0ᵐ,550. Déduire de ces données la pression atmosphérique au moment de l'expérience.

81. Deux tubes cylindriques verticaux de même section peuvent être mis en communication par un conduit à robinet qui débouche à la partie inférieure de l'un et de l'autre.

L'un de ces tubes est fermé à sa partie supérieure ; il a 1 mètre de long et renferme une couche d'air de 25 centimètres d'épaisseur, soumise à la pression atmosphérique, et à celle d'une couche de mercure ayant 75 centimètres d'épaisseur ; le robinet de communication est d'abord fermé et le conduit plein de mercure. On ouvre le robinet ; une partie du mercure passe dans le second tube, lequel est ouvert dans l'air à la partie supérieure ; bientôt l'équilibre s'établit.

On demande alors quelle est la différence de niveau du mercure dans les deux tubes ; les fonds de ces tubes sont dans un même plan horizontal. La pression extérieure est 0ᵐ,750.

82. Un tube barométrique dont la section a 0ᶜᵐ,6 de rayon est dressé sur une cuve à mercure, la pression atmosphérique étant de 75ᶜᵐ. La chambre barométrique a alors un volume égal à 10ᶜᵐ³. On y introduit 2ᶜᵐ³ d'air atmosphérique. De combien baisse le niveau du mercure ? De quelle quantité faut-il ensuite enfoncer le tube pour que la chambre barométrique ait de nouveau pour volume 10ᶜᵐ³ ?

83. Un ballon A, d'une capacité égale à V, est soudé à un tube coudé BCFG de section s et dont les branches sont verticales. Du mercure, occupant la partie inférieure jusqu'à la hauteur du plan horizontal CF, isole de l'air à la pression atmosphérique H. On demande quelle est la hauteur de la colonne d'un liquide de densité d, moindre que la densité D du mercure, qu'il faut verser en G pour que le niveau G monte en B, CB étant égal à h.

84. On considère un manomètre à air comprimé dont le tube est cylindrique et qui contient une colonne d'air de 80ᶜᵐ de hauteur sous la pression extérieure de 75ᶜᵐ de mercure. A quelle distance du sommet se fixe le niveau du liquide lorsque la pression exercée sur le mercure de la cuvette devient égale à 375ᶜᵐ ? On négligera l'abaissement du niveau du mercure dans la cuvette.

85. Un tube recourbé ABC se compose de deux branches cylin-

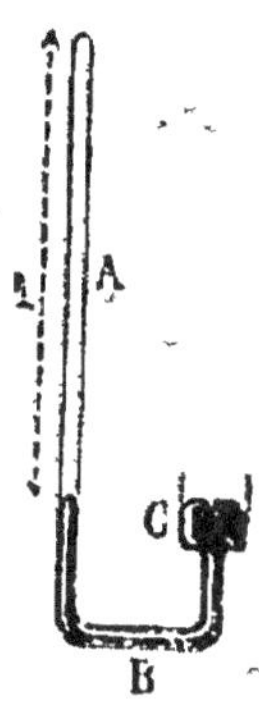

driques verticales réunies par leur base. La branche A est fermée à son extrémité supérieure ; la branche C est ouverte et la section droite en est dix fois plus grande que celle de la branche A. Le tube contient une certaine quantité de mercure et le reste de la branche A est rempli par une colonne d'air de 1^m de hauteur sous la pression extérieure de 76^{cm} de mercure. On demande à quelle distance x du sommet de cette dernière branche se fixe le niveau du mercure qu'elle contient quand on double la pression exercée sur la surface libre du mercure de la branche ouverte.

86. On mesure la pression d'un réservoir de gaz de densité d en deux points situés à une distance verticale H ; au point le plus bas, le manomètre à air libre (contenant de l'eau) indique une dénivellation a.

Quelle sera la dénivellation au point le plus élevé? Sera-t-elle plus grande ou plus petite que la première?

On envisagera deux cas suivant que le gaz de densité d est plus léger ou plus lourd que l'air.

87. Le tube bien calibré d'un manomètre à air comprimé est divisé en 110 parties d'égale capacité. Quand la pression extérieure est de 76^{cm}, le mercure dans l'intérieur du tube et dans la cuvette se tient au zéro de l'échelle. On porte le manomètre sous le récipient d'une machine de compression et l'on voit le mercure s'élever jusqu'à la 80e division. On mesure alors la hauteur du mercure dans le tube et on la trouve égale à 45^{cm}. On demande la pression dans la machine.

88. Un manomètre à air comprimé est formé de deux branches cylindriques de même diamètre ; le mercure est de niveau dans les deux branches quand la branche ouverte reçoit une pression de 760^{mm} ; la hauteur du tube occupée à ce moment par l'air est de 40^{cm}.

A quelle distance d du sommet se trouvera le mercure pour une pression de 3 atmosphères?

2°. — Mélanges des gaz (Loi de Dalton).

89. D'un réservoir de capacité V, muni d'un robinet, où se trouve de l'air comprimé à la pression H, on laisse sortir une quantité de gaz qui occupe un volume v à la pression h $(h < H)$, et on referme le robinet. A quelle pression se trouve l'air qui reste dans le réservoir?

90. 400 litres d'air à 0° et à la pression de 760^{mm} contiennent 0^g,1293 d'anhydrique carbonique. Quelle est la pression de ce dernier gaz dans l'air? — Densité de l'anhydrique carbonique : 1,529.

91. Un mélange d'air sec et de gaz carbonique (anhydride carbonique) a pour densité 1,254. Quelle est, en volume, la proportion de gaz carbonique mélangé à l'air? — Densité du gaz carbonique : 1,529.

92. Dans un espace de 1 litre se trouvent enfermés 11^g,056 d'oxygène et 9^g,74 d'azote. Quelle est la composition centésimale en volume du mélange? Quelle est sa pression? — Densité de l'oxygène : 1,1056 ; de l'azote : $\frac{7}{8}$ de celle de l'oxygène ; poids normal du litre d'air : 1^g,293.

93. Un vase cylindrique bien fermé contient une masse d'eau au-dessus de laquelle se trouve un espace libre occupé par de l'air sous la pression normale. Le volume de cet espace libre supposé invariable est de 40^{cm3}. Deux électrodes de platine plongées dans l'eau permettent d'y faire passer un courant électrique qui décompose 2^g d'eau. Calculer la pression du mélange de gaz renfermé dans le vase.

La température est constante et égale à 0°. On ne tient pas compte de la tension de la vapeur d'eau ni de la solubilité des gaz.

Densités : oxygène : 1,105 ; hydrogene : 0,069.

Poids normal d'un litre d'air : 1^g,3.

3°. — Machine pneumatique et pompe de compression.

94. La pression atmosphérique étant de 765^{mm}, la tension de l'air dans le récipient d'une machine pneumatique es· de 405^{mm} de mercure. On demande quel effort il faut exercer directement su la tige du piston pour le soulever, sachant que la surface de ce piston est de 80cm². On fait abstraction du frottement et on sait que la densité du mercure est égale à 13,59. L'effort sera évalué en kilogrammes.

95. La pression de l'air d'une cloche de machine pneumatique étant à l'origine 760mm, elle s'abaisse après 4 coups de piston à 300mm. Quel est le rapport du volume de la cloche à celui du corps de pompe ?

L'espace nuisible est supposé négligeable.

96. Un récipient de 4 litres de capacité est en communication avec une pompe foulante qui injecte de l'air pris à l'extérieur ; le corps de la pompe a un volume intérieur de 1 litre, lorsque le piston est au plus haut point de sa course. Après quatre coups de piston, la pression à l'intérieur du récipient se trouvait de 150 centimètres de mercure ; on demande ce qu'elle était avant le jeu de la pompe.

La pression extérieure égale 0m,760 ; le récipient n'a d'autre ouverture que celle par laquelle il reçoit l'air qui lui vient de la pompe.

97. Dans un réservoir contenant 5l,6 d'air sec à 0° et sous la pression de 830mm de mercure, on veut introduire avec une pompe de compression dépourvue d'espace nuisible 23g d'air sec pris à 0° et sous la pression normale. Le volume du corps de pompe étant de 560cm³, on demande le nombre de coups de piston à donner et la pression finale dans le réservoir.

Poids du litre d'air dans les conditions normales, 1g,3.

98. On a deux ballons, le premier de 10l, le second de 15l, remplis d'air à la pression atmosphérique normale. Ils communiquent entre eux par un tube de volume négligeable, sur le trajet duquel se trouve une pompe aspirante et foulante disposée de telle sorte qu'elle aspire l'air du premier ballon et le refoule dans le second. Le piston étant d'abord en bas de sa course, on donne deux coups de piston. On demande :

1° Quelle sera la pression dans chacun des récipients ;

2° Quelle est la variation de poids de chacun d'eux entre le commencement et la fin de cette opération.

Le volume du corps de pompe est de 1/4 de litre.

99. Une cloche à plongeur cylindrique, ayant une hauteur de 3^m et une section de 6^{m2}, est descendue dans l'eau jusqu'à ce que son sommet se trouve à 10^m,6, au-dessous de la surface. Quel volume V d'air faudra-t-il introduire à la pression extérieure, qui est de 76^{cm}, pour empêcher l'eau de s'élever dans la cloche? **La densité du mercure est 13,6.**

100. Dans une machine pneumatique à un corps de pompe, le volume du récipient est de 4 litres, le volume du corps de pompe, y compris l'espace nuisible, est égal à 215^{cm3}, le volume de l'*espace nuisible* est de 2^{cm3}. Le piston est au bas de sa course; la pression initiale de l'air contenu dans le récipient est de 732^{mm} de mercure. On demande : 1^c la pression dans le récipient après cinq coups de piston ; 2° la pression limite qu'on obtiendrait en faisant fonctionner indéfiniment le piston ; 3° le poids de l'air qui reste dans le récipient quand cette limite est pratiquement atteinte. — Pression atmosphérique : 743^{mm}; poids normal du litre d'air : 1^g,3.

4°. — Pompes et siphons.

101. Le tuyau vertical d'aspiration d'une pompe a une section de 10^{cm2} et une hauteur de 5^m ; le corps de pompe a une section de 100^{cm2}. De quelle hauteur faudra-t-il soulever le piston lorsqu'il est en bas de sa course, le tuyau étant rempli d'air, pour amener l'eau à l'extrémité supérieure du tuyau ?

La pression atmosphérique est de 76^{cm} de mercure.

102. Le piston d'une pompe foulante a une surface de 30 décimètres carrés. La course du piston est de 1^m. On se sert de la pompe pour puiser dans un grand réservoir une dissolution saline dont la densité est 1,1 et pour refouler ce liquide à une hauteur de 15^m.

On demande : 1° le poids de liquide refoulé à chaque coup de piston ; 2° le travail absorbé par chaque coup de piston.

103. Un tuyau vertical plonge dans l'eau d'un réservoir de grande capacité et contient un piston dont la base est séparée du liquide par une colonne d'air de 0^m,50 à la pression atmosphérique. On élève le piston jusqu'à 6^m au-dessus du niveau du réservoir : sachant que la hauteur du baromètre en eau égale 10^m, calculer la hauteur de l'eau située dans le tube.

104. On donne un siphon constitué par un tube deux fois recourbé à angle droit. Le siphon est complètement rempli d'huile. L'extrémité de la grande branche plonge dans un vase rempli d'huile et l'extrémité de la petite branche dans un vase rempli de mercure. L'appareil étant abandonné à lui-même, que va-t-il se passer? On appellera L la longueur de la grande branche, l la longueur de la petite branche, D la densité du mercure, d la densité de l'huile, et on traitera le problème pour les valeurs suivantes :

$$1^o \qquad L = 4^m \qquad et \qquad l = 0^m,50 ;$$
$$2^o \qquad L = 9^m \qquad et \qquad l = 0^m,50 ;$$
$$3^o \qquad L = 13^m \qquad et \qquad l = 1^m.$$

On donne : D = 13,6 ; $d = 0,9$. La pression atmosphérique est $H = 0^m,75$ de mercure. On suppose que le niveau du mercure et le niveau de l'huile sont maintenus constants dans les deux vases.

105. Un siphon est formé d'un tube vertical AB et d'un tube AC, long de 2^m et faisant avec AB un angle de 60° ; les deux tubes ont même diamètre intérieur. Le tube AC, d'abord fermé par un robi-

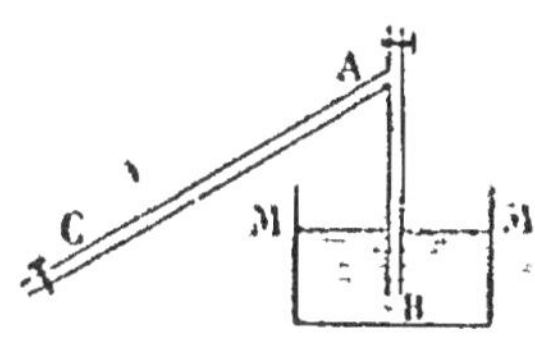

net à sa partie inférieure C, est plein d'acide sulfurique ; sa partie supérieure, ainsi que le tube AB, est mise en communication avec l'atmosphère à l'aide d'un robinet ouvert au-dessus du coude A ; AB plonge dans un vase plein d'acide sulfurique dont le niveau est MM'. Calculer la limite que ne doit pas atteindre la hauteur du point A au-dessus du plan MM' pour que, si l'on ferme le robinet A et si on laisse couler le liquide de AC par le robinet C, le siphon puisse être amorcé. On suppose la pression atmosphérique égale à 75^{cm} de mercure, la densité du mercure à 13,6, celle de l'acide à 1,7.

106. Dans une cuve renfermant un liquide de densité 1,5 on plonge de 80 centimètres un tube de longueur totale 1 mètre, effilé à son extrémité inférieure. On ferme alors hermétiquement l'extrémité supérieure du tube et on le retire. La pression atmosphérique est

75 centimètres, la température 20°. On demande à quelle hauteur le liquide se maintiendra dans le tube, en supposant le liquide sans tension de vapeur appréciable à la température de l'expérience — Mise en équation du même problème en supposant qu'a 20° le liquide a une force élastique maximum de 3cm.

107. Dans une cuve pleine d'eau et dont la profondeur est 90cm, on plonge, en le maintenant vertical, un tube ouvert aux deux bouts et étroit sans être capillaire. On ferme alors avec le doigt l'orifice supérieur du tube et on le soulève verticalement, de manière qu'il sorte de la cuve. Quelle est la longueur de la colonne d'eau qui reste dans le tube? A quelle pression se trouve l'air de la partie supérieure du tube sous le doigt? Quelle serait la longueur de la colonne de liquide enlevé et la pression de l'air si la cuve contenait de l'acide sulfurique dont le poids spécifique est 1,813, ou du mercure dont le poids spécifique est 13,59?

Les réponses seront données soit pour le cas où la pression extérieure est h, soit pour le cas où cette pression est 780. La température est supposée à 0°.

108. Un siphon formé de deux branches verticales AB et CD, réunies par une branche horizontale BC, est rempli d'un

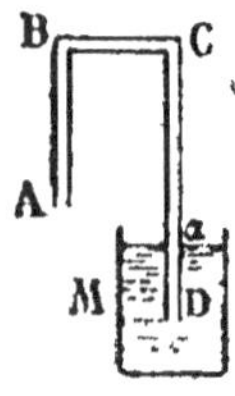

liquide de densité d, l'ouverture A étant fermée. On l'introduit dans un vase M contenant un liquide de densité D. A quelle profondeur aD devra être enfoncée la branche CD pour que le liquide M s'écoule à travers le siphon quand A sera ouvert?

On donne: AB = 30cm; CD = 50cm; $d = 0,9$; D = 1,2.

109. Un siphon destiné à transvaser de l'eau est formé par un tube cylindrique en verre deux fois recourbé à angle droit. La petite branche verticale plonge dans l'eau et est remplie d'air sous la pression extérieure 0m,76; sa hauteur au-dessus du niveau de l'eau est de 0m,25; la partie horizontale du siphon, dont la longueur est de 0m,12, et la grande branche sont remplies d'eau. On demande quelle est la longueur minimum que doit avoir cette grande branche, pour qu'en débouchant son ouverture inférieure le siphon s'amorce de lui-même.

§ IV. — PROBLÈMES DIVERS SUR LA PESANTEUR

110. Un corps de petites dimensions descend verticalement dans un tube rempli d'eau à 4° et dont la hauteur est 2^m. Partant sans vitesse initiale de la surface du liquide, il arrive au fond en 1 seconde et demie. On demande de trouver le poids spécifique de ce corps en supposant qu'on puisse considérer comme négligeable la résistance du liquide au mouvement.

111. Une sphère creuse dont le diamètre est égal à 10^{cm} pèse 500^g. On la suppose placée au fond de la mer, à une profondeur de $100^m,10$ et on l'abandonne à elle-même. La densité de l'eau de mer étant 1,026, on demande d'indiquer :

1° La nature du mouvement qu'elle prendra en s'élevant dans le liquide ;

2° Le temps qu'elle mettra pour venir affleurer à la surface et la vitesse qu'elle possédera à ce moment ;

3° Le rapport du volume immergé au volume total, quand elle flottera sur le liquide, en négligeant la poussée de l'air.

On prendra l'accélération de la pesanteur égale à 981^{cm}.

112. 1° Le fléau d'une balance a une masse de 100 grammes, les

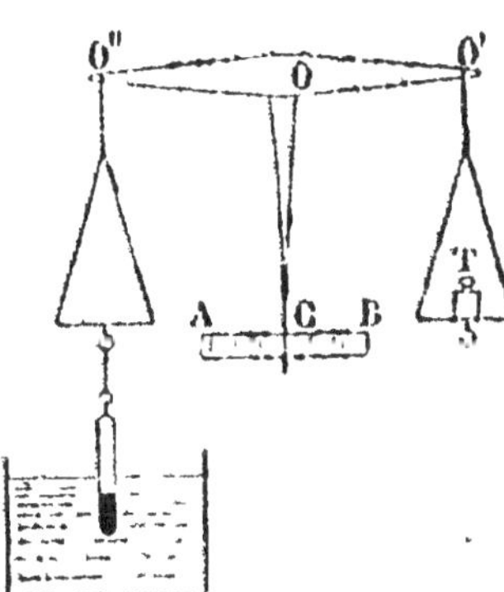

arêtes des 3 couteaux sont situées dans un même plan, et la distance de l'arête du couteau central à celle de l'un des autres couteaux est de 20 centimètres. L'aiguille indicatrice se déplace devant une règle divisée horizontale AB située à une distance $OG - 30$ centimètres de l'arête du couteau central. La balance étant en équilibre les plateaux vides, on ajoute un poids de 5 centigrammes dans l'un des plateaux ; le fléau prend une nouvelle position d'équilibre et le déplacement de l'aiguille sur l'échelle est de 5 millimètres. On demande la distance du centre de gravité du fléau au couteau central.

2° Sous l'un des plateaux on suspend par un fil un tube cylindrique en verre fermé et lesté par du mercure. Le tube est vertical et plonge partiellement dans l'eau contenue dans un vase de grande section. On équilibre la balance au moyen d'une tare T. Quel sera le déplacement de l'aiguille de la balance sur l'échelle AB si, dans ces conditions, on ajoute un poids de 5 centigrammes dans l'un des plateaux ?

La section droite du cylindre de verre a une surface de 2 centimètres carrés.

Densité de l'eau : 1.

3° Comment faudrait-il traiter la 2ᵉ question en tenant compte de la poussée de l'air ? (Densité de l'air dans les conditions de l'expérience : 0,0012 ; densité des poids marqués : 8,5.)

L'angle d'inclinaison de la balance étant petit, on mesurera les déplacements demandés en longueurs d'arc.

113. Deux grands corps de pompe verticaux et cylindriques A et B communiquent entre eux à la partie inférieure par un tube horizontal ; ils renferment de l'eau en équilibre qui supporte deux pistons de poids négligeable. Le corps de pompe B dont la section est égale à 1 décimètre carré, s'ouvre librement dans l'atmosphère, tandis que le corps de pompe A, dont la section est égale à 4 décimètres carrés, est fermé à la partie supérieure par une cloison horizontale ; dans la chambre ainsi formée au-dessus du piston se trouve emprisonné de l'air primitivement à la pression atmosphérique ; la hauteur de la cloison au-dessus du piston est alors égale à 20cm.

On demande quel poids il faudra placer sur le piston de B pour que le volume de l'air contenu dans A soit réduit de moitié lorsque l'équilibre sera de nouveau atteint.

La pression atmosphérique, qui reste invariable durant l'expérience, est mesurée par une colonne de mercure de 75cm, et la densité du mercure est 13,6.

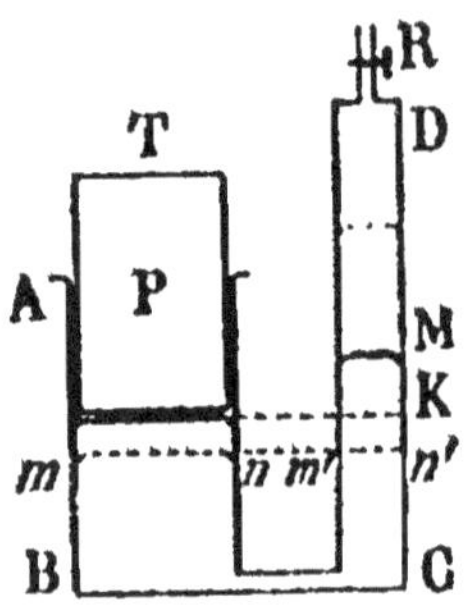

114. Un cylindre AB, d'une section intérieure de 40cm², est muni d'un piston P mobile sans frottement, et communique, par sa partie inférieure, avec un tube de verre CD dont la section intérieure est de 5cm². Ce tube porte à la partie supérieure un robinet R actuellement ouvert. La partie inférieure du cylindre, ainsi que celle du tube et le canal de communication, renferment du mercure dont le niveau, dans le tube CD, s'arrête en un point M situé à une distance MD = 50^{cm} de l'extrémité D.

On ferme le robinet R et on demande quel poids on doit mettre sur la tête T du piston pour réduire à moitié le volume de l'air emprisonné dans la partie supérieure du tube CD. On calculera le déplacement du piston et on supposera la température de 0° et la pression atmosphérique de 760^{mm} de mercure.

115. Un flacon F fermant hermétiquement est prolongé par une longue tige cylindrique T, de même axe que le flacon et sans communication avec lui.

On remplit le flacon d'eau pure à la température $t°$ et, en s'en servant comme d'un aréomètre auquel le liquide du flacon sert de lest, on le plonge dans de l'eau dont la densité à cette température est prise pour unité, puis, au point où la tige affleure, on remarque 100. On remplit ensuite le flacon à $t°$ d'un liquide de densité connue 1,84 et, au point où la tige affleure dans l'eau à cette température, on marque 184. On divise en 84 parties égales l'inter-

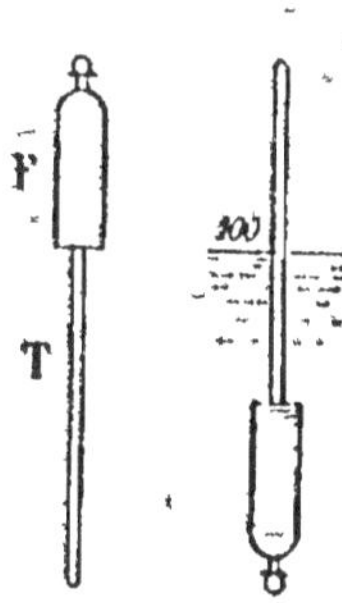

valle compris entre 100 et 184 et on prolonge la division en dehors de ces limites ; nous supposerons que la tige est ainsi divisée, de 0, à une extrémité, jusqu'à 200 à l'autre extrémité.

On demande :

1° Le rapport du volume intérieur V du flacon au volume v d'une division de la tige ;

2° Le trait de la division auquel l'instrument affleurerait dans l'eau si on laissait le flacon F vide ;

3° La densité du liquide qui, remplissant le flacon F à $t°$, fait affleurer l'instrument dans l'eau à la division n ;

4° La courbe de graduation de l'instrument servant comme densimètre dans les conditions qui précèdent, obtenue en portant en abscisses les numéros des traits d'affleurement et en ordonnées les densités multipliées par 100.

116. Une balance porte à une extrémité du fléau un ballon de verre fermé dont le volume extérieur est 1500^{cm3}, équilibré à l'autre extrémité par une masse en laiton qui, dans le vide, pèse 122^g. Calculer la force qui fera pencher la balance lorsqu'on porte le

tout dans une atmosphère composée à volumes égaux d'air et de gaz d'éclairage.

$$\begin{aligned}
\text{Densité du laiton} &\ldots\ldots\ldots\ldots\ldots\ldots\ 8,5, \\
\text{Densité du gaz d'éclairage par rapport à l'air} &\ldots\ 0,6, \\
\text{Poids d'un centimètre cube d'air} &\ldots\ldots\ldots\ 1^{mg},3
\end{aligned}$$

On admettra que l'air et le mélange gazeux sont à 0° et 766^{mm}.

117. Deux corps suspendus aux extrémités du fléau d'une bonne balance sont en équilibre dans l'air à la température 0° et à la pression normale. Mais si l'on remplit le récipient dans lequel se trouve la balance de gaz carbonique à la même température et à la même pression, il faut, pour maintenir l'équilibre, placer du côté du corps le plus volumineux une surcharge de 0^g,375. Si l'on substitue au gaz carbonique un gaz plus léger que l'air, il faudrait au contraire placer à côté du corps le plus petit une surcharge de 0^g,675. On demande de déterminer d'après cela :

1° La différence des volumes des deux corps en centimètres cubes ;

2° La densité du second gaz introduit. On prendra pour densité du gaz carbonique par rapport à l'air 1,52 et pour poids du litre d'air normal 1^g,3.

118. Dans un vase hermétiquement clos se trouve une balance réduite à son fléau.

On attache aux deux bouts :

1° une sphère S de 1^l de volume et pesant $p = 502^g$;

2° une sphère S' de 0^{m3},000025 formée d'un corps de densité 20.

On demande à quelle pression il faut porter le gaz carbonique contenu dans la boîte pour que, à 100°, il y ait équilibre entre les deux sphères.

Densité de CO_2 : 1,529.

CHALEUR

§ I. — DILATATION DES CORPS

1°. — Dilatation des solides et des liquides.

119. Une barre de 3^m de longueur, formée par un métal dont le coefficient de dilatation est $\frac{1}{754}$, se dilate autant qu'une autre barre d'un autre métal dont la longueur est 5 mètres ; on demande le coefficient de dilatation de cette dernière barre.

120. Deux lames, l'une de fer, l'autre de cuivre, parallèles et d'égale longueur à 0°, sont soudées ensemble à leurs deux extrémités et maintenues ainsi écartées de 1^{mm} l'une de l'autre. On les chauffe à 200°. En admettant que le système se courbe en arc de cercle, quels seront le rayon et le métal de l'arc extérieur ?
Coefficients de dilatation linéaire : fer : 0,000 012 ; cuivre : 0,000 018.

121. Un vase sphérique, d'un rayon intérieur égal à $\frac{2}{3}$ de mètre à 0°, est formé d'un métal dont le coefficient de dilatation linéaire est $\frac{1}{2500}$. On demande combien de kilogrammes de mercure ce vase peut contenir : 1° à 0° ; 2° à 25°.
Coefficient de dilatation du mercure : $\frac{1}{5550}$.

122. Le diamètre intérieur d'un anneau de cuivre est, à la température de 10°, égal à 18 centimètres, et celui d'une sphère de fer est, à la même température, $18^{cm},05$. On demande à quelle température il faudrait chauffer l'anneau et la sphère pour que celle-ci pût traverser l'autre. Le coefficient de dilatation du cuivre est 0,000 017, et celui du fer 0,000 012 6.

123. Deux cylindres droits à base circulaire, l'un en cuivre, l'autre en platine, ont, à la température de 20°, des dimensions égales, savoir : le rayon de base égal à $0^m,1$ et la hauteur égale à $0^m,2$. Cela posé, on demande quelle sera, à 100°, la différence de leur surface totale (base comprise). On sait que le coefficient de dilatation linéaire du cuivre est $\dfrac{1}{58\,400}$ et celui du platine $\dfrac{1}{116\,700}$.

124. Le rapport entre le poids spécifique du cuivre à 0° et celui de l'eau à 4° est 8,88. Quel est ce rapport lorsque le cuivre et l'eau sont à la température de 15° ?

Coefficient de dilatation linéaire du cuivre : $\dfrac{1}{58\,200}$.

Dilatation totale de l'eau entre 4° et 15° : $\dfrac{1}{1140}$.

125. Quel est à 0° le volume d'un vase de verre qui est exactement rempli par 500g de mercure à 40° ?

Densité du mercure : 13,59.

Coefficient de dilatation linéaire du verre : 0,000 008.

Coefficient de dilatation absolue du mercure : 0,000 18.

126. A quelle température x les thermomètres Fahrenheit et centigrade marquent-ils le même degré ? Exprimer en degrés du thermomètre centigrade la température de 6° au-dessous de 0° du thermomètre Fahrenheit.

2°. — Thermomètres à poids et à tige.

127. Calculer à 0° le volume du réservoir d'un thermomètre à tige, sachant que le volume compris à 0° entre les traits 0 et 100 est 5^{mm3}.

Coefficient de dilatation absolue du mercure : 0,000 18 ; coefficient de dilatation cubique du verre : 0,000 024.

128. On a construit un thermomètre à mercure avec un tube cylindrique de $0^m,0001$ de diamètre. Le mercure à 0° remplit exactement la boule sphérique du thermomètre, dont le diamètre est égal à $0^m,01$. On demande quelle sera la longueur des degrés évalués à $\frac{1}{10}$ de millimètre près, le coefficient apparent de la dilatation du mercure dans le verre étant de $\frac{1}{6750}$.

129. On sait que, dans un thermomètre à mercure, le rapport entre la capacité du réservoir jusqu'à 0° et celle de la tige entre 0° et 1° est 6 480 ; cela posé, on admet que, après avoir ouvert et vidé un thermomètre à mercure divisé en degrés, on y introduise un liquide dont le coefficient de dilatation est $\frac{1}{2000}$. Dans la glace fondante, le liquide remplit le thermomètre jusqu'à 0° ; on demande à quelle division il s'élèvera à la température de 20°. Le coefficient de dilatation du verre est $\frac{1}{38\,700}$.

130. Un thermomètre à mercure, entièrement plongé dans un liquide de température uniforme, marque 95°. Quelle température marquerait-il si l'on plongeait seulement dans le liquide le réservoir et la naissance de la tige jusqu'au 6e degré, le reste de la tige étant à la température ambiante de 12° ?

Le coefficient de dilatation absolue du mercure est $\frac{1}{5550}$ et celui du verre $\frac{1}{38\,700}$.

131. Un ballon de verre contient, à 0°, 3 kilogrammes de mercure, et se trouve complètement rempli par ce métal ; on le chauffe à 100°. On demande quel poids de mercure en sort. Le coefficient de la dilatation cubique du verre est de $\frac{1}{38\,700}$; le coefficient de la dilatation cubique du mercure est de $\frac{1}{5550}$. Le poids spécifique du mercure à 0° est de 13,60.

132. Un vase de verre dont la capacité est 1 litre à 0° renferme un morceau de platine pesant 8 kilogrammes, et une quantité de mercure qui achève de le remplir à cette température de 0°. On chauffe le tout à 100°, et l'on demande quel est le poids du mercure qui sortira du vase. Le coefficient de la dilatation cubique du platine est $\dfrac{1}{38\,900}$, celui du verre $\dfrac{1}{38\,700}$, celui du mercure $\dfrac{1}{5550}$. Le poids spécifique du mercure à 0° est 13,59 et celui du platine 22.

133. Un vase cylindrique en verre est gradué en parties d'égale capacité. Il contient du mercure qui, à la température de 0°, arrive à la division 1150. A quelle température faut-il porter l'appareil pour que le mercure arrive à la division 1151 ? Coefficient de dilatation cubique du verre : 0,000 026 ; coefficient de dilatation absolue du mercure : 0,000 18.

134. Un tube cylindrique vertical en verre est fermé en bas par une paroi plane horizontale. Il renferme du mercure qui, à 0°, s'élève à 3^{cm} au-dessus du fond. On demande de trouver sur le tube, en déterminant sa distance x à 0° au fond de celui-ci, un point tel que sa distance à la surface libre du mercure reste invariable, quelle que soit la température.

Coefficient de dilatation linéaire du verre : 0,000 04 ; coefficient de dilatation absolue du mercure : 0,000 18.

On négligera les termes qui renferment le produit de deux coefficients de dilatation.

135. Un flacon possède à 0° une capacité de 40$^{cm^3}$. Peut-on verser dans ce flacon une quantité de mercure telle que, lorsque la température varie, le volume non occupé par le mercure demeure indépendant de la température? Quel est le poids de mercure à employer ?

Coefficient de dilatation du verre : $\dfrac{1}{45\,000}$.

Coefficient de dilatation du mercure : $\dfrac{1}{5500}$.

Densité du mercure à 0° : 13,6.

3°. — Applications des dilatations.
Corrections diverses.

136. Un aréomètre destiné aux liquides plus denses que l'eau affleure au point 0 dans de l'eau à la température de 4° centigrades, et au point 15 dans une dissolution saline dont la densité est 1,116. — On le plonge dans du sulfure de carbone que l'on porte successivement aux températures de 0° et de 40° centigrades.

A la température de 0°, l'aréomètre affleure à la division 32,7.

A la température de 40°, l'aréomètre affleure à la division 27,6.

On demande :

1° La densité du sulfure de carbone à la température de 0° ;

2° La densité du sulfure de carbone à la température de 40° ;

3° Le coefficient de dilatation du sulfure de carbone.

(On négligera l'influence de la variation de température sur le volume de l'aréomètre.)

137. Un aréomètre de Fahrenheit pèse 80 grammes. Il doit être chargé de 45 grammes pour affleurer à 20° dans un liquide dont la densité à cette température est 1,5. On demande quel est à zéro le volume de cet aréomètre jusqu'au point d'affleurement. On sait que le coefficient de dilatation cubique du verre qui forme l'appareil est $\frac{1}{38700}$.

138. Une horloge, dont le balancier est formé d'un seul métal, avance de 7 secondes en 24 heures quand la température est 0°, et retarde de 9 secondes dans le même temps quand la température est 20°. Quel est le coefficient de dilatation linéaire du métal dont est formé le balancier ? La longueur l du pendule dont l'oscillation dure t secondes est donnée par la formule $t = \pi\sqrt{\dfrac{l}{g}}$. On prendra $9^m,80$ pour valeur de g.

139. Deux hauteurs barométriques de $0^m,755$ ayant été obtenues, l'une à — 6°, l'autre à + 15°, on demande quelles corrections il faut leur faire subir pour les ramener à ce qu'elles eussent été à 0°, sachant que le coefficient de la dilatation cubique du mercure est de $\frac{1}{5550}$.

140. Un baromètre à mercure marque 0ᵐ.770 à 30° ; quelle serait la hauteur à 10° ? Le coefficient de dilatation du mercure est de $\dfrac{1}{5550}$; le coefficient de dilatation linéaire du métal de l'échelle est de $\dfrac{1}{5430}$.

141. Un vase contient du mercure et, au-dessus, de l'eau. Un 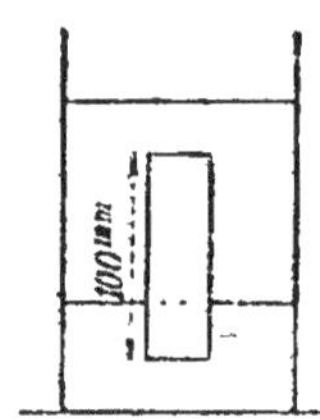 cylindre de fer de 100ᵐᵐ de long plonge en partie dans le mercure et en partie dans l'eau qui s'élève d'ailleurs au-dessus de lui. Le tout étant à 0°, on demande le rapport du volume du cylindre immergé dans l'eau à celui qui est immergé dans le mercure. On chauffe ensuite le tout à 100° ; on demande de déterminer la nouvelle valeur du même rapport.

Densité de l'eau à 0°.   1
    —   du fer à 0°.   7,8
    —   du mercure à 0°   13,6
    —   de l'eau à 100°   0,96
Coefficient de dilatation linéaire du fer. 0,000 012
    —   —   du mercure 0,000 18

142. La température étant de 25°, la hauteur de la colonne de mercure dans un baromètre normal est trouvée égale à 758,5 divisions d'une règle de laiton dont chaque division a une longueur de 1ᵐᵐ quand la règle est à 0°.

Calculer :

1° La hauteur barométrique réduite à 0° ;

2° La pression atmosphérique en mégadynes par centimètre carré.

Densité du mercure à 0°. . . . .   13,6.
Coefficient de dilatation du mercure . . . .   0,000 18.
    —   laiton . . . .   0,000 018.
Accélération de la pesanteur. . . . .   980.
1 mégadyne = 10⁶ dynes.

143. Un tube de verre, dont la longueur à la température de 0° est égale à 1ᵐ, est suspendu par son extrémité supérieure à un point A. Dans ce tube, fermé à la partie supérieure par une paroi plane, on verse une certaine quantité de mercure. On demande quelle doit être, à la température de 0°, la longueur de la colonne mercurielle pour que la distance du centre de gravité du mercure au point A ne varie pas avec la température.

Coefficient de dilatation absolue du mercure. . . 0,000 179.

—   —   linéaire du verre. . . . . 0,000 007 8.

§ II. — DILATATION ET DENSITÉ DES GAZ

1°. — Lois de Gay-Lussac ou des gaz parfaits. Densités des gaz.

144. Le coefficient de dilatation cubique de l'air étant $\dfrac{367}{100\,000}$, on demande à quelle température il faut chauffer 1 litre de ce gaz pris à 20° pour que son volume devienne $1^l,35$. La pression ne change pas pendant l'expérience.

145. On demande quel est, à 20° et sous la pression $0^m,780$, le volume de 2 grammes de gaz carbonique sec. La densité de ce gaz prise par rapport à l'air est 1,529. Le poids du litre d'air à 0° et à la pression $0^m,760$ est 1,293. Le coefficient de dilatation des gaz est 0,003 67.

146. On demande quel accroissement de volume prend, en s'élevant à 25° sans changement de pression, une quantité d'air qui occupe 8 litres à la température de 10°. Le coefficient de dilatation de l'air est 0,003 67.

147. A quelle température l'oxygène, sous la pression de 20 centimètres, aurait-il la même densité que l'hydrogène à 0° et sous la pression de 260 centimètres ?

148. Un ballon renferme de l'air sec à 10° et sous la pression de 756^{mm}. Le poids de cet air est de $6^{gr},32$. On demande quel serait le poids de gaz carbonique qui remplirait le même ballon à la température de 0° et sous la pression de 760^{mm}.

On donne la densité du gaz carbonique : 1,526 ; le coefficient de dilatation cubique du verre : $\dfrac{1}{38\,700}$; celui du gaz : $\dfrac{1}{273}$.

149. Un ballon de 10^l contient un gaz à 0°, sous la pression de 75^{cm} de mercure ; on fait la tare du ballon dans ces conditions.

Avec une pompe, on retire ensuite une portion du gaz, de façon qu'à 0° la pression dans l'intérieur du ballon ne soit plus équilibrée que par 25^{cm} de mercure. En reportant le ballon sur la balance, on constate que sa masse a diminué de 12^g,25.

Quelle est la densité de ce gaz par rapport à l'air ?

150. Un tube barométrique bien cylindrique est placé sur une cuvette à mercure à très large surface. Ce tube a 1^{cm} de diamètre et 83^{cm} de longueur, et le mercure s'y élève à 708^{mm},2, la température étant de 15°. On introduit dans la chambre barométrique 9^{cm3} d'air mesurés à 28° et à la pression de 728^{mm}. On demande la nouvelle hauteur du mercure dans le tube barométrique, les conditions de pression et de température restant les mêmes.

151. Un ballon ouvert, de la capacité de 4^l,3, est rempli d'air sec à la température de 0° et à 760^{mm}. On porte le tout à la température 40° ; on ferme le ballon à cette température et on ramène le tout à 0°. Quelle sera alors la pression dans l'intérieur du ballon ? On ne tiendra pas compte de la dilatation du vase.

152. Un réservoir A, à 0°, contient 646^g d'air à 760^{mm}. 1° On demande le volume de ce réservoir. 2° On porte le réservoir A à 100°, puis on ouvre un robinet de manière à établir la communication entre A et un réservoir B de volume égal, à 0°, dans lequel on a fait le vide. Une partie de l'air de A se précipite dans B. Quand l'équilibre sera établi, quels seront les poids x et y d'air contenus respectivement dans A et B ? On négligera la dilatation du vase A.

153. Un ballon plein d'air sec à 15° et à la pression 760^{mm} pèse 812^g. Après avoir fait le vide à 35^{mm} de pression, le ballon pèse 808^g,5. Calculer l'épaisseur du ballon. Densité du verre : 2,6 ; poids normal du litre d'air : 1^g,293 ; coefficient de dilatation de l'air : 0,003 69 ; coefficient de dilatation cubique du verre : 0,000 025 6. On ne tiendra pas compte de la poussée de l'air.

154. Dans un vase en platine on enferme de l'air à 0° et sous la pression de 760^{mm}. On chauffe ; on mesure la pression qui s'exerce sur les parois et on trouve qu'elle est de 3^{kg},1008 par centimètre carré. On demande de calculer : 1° la température de l'air à ce moment; 2° la température à laquelle il faut chauffer l'appareil pour que la pression devienne double. On négligera la dilatation de l'enveloppe. — Densité du mercure : 13,6.

155. Un baromètre a 1ᵐ de longueur au-dessus du mercure de la cuvelle et 1ᶜᵐ² de section intérieure. Il renferme une colonne de mercure de 0ᵐ,760 de hauteur et la température est 0°. On introduit dans la chambre de ce baromètre 1ᶜᵐ³ d'air mesuré dans les conditions normales de température et de pression, et on demande :

1° Quelle sera la densité de l'atmosphère qui surmontera la colonne de mercure ;

2° Quelle sera la hauteur barométrique observée ;

3° De combien il faudra enfoncer le tube barométrique dans la cuvelle pour que la densité de l'air qu'il contient soit égale à celle de l'air extérieur.

156. Dans un récipient dont le volume intérieur est invariable et égal à 25ˡ se trouve une masse d'air de 39ᵍ.

1° Calculer la pression que cet air exerce sur les parois à 0°.

2° On demande à quelle température cette pression deviendrait égale à 2 atmosphères, le volume du récipient restant fixe.

Calcul et raisonnement.

Masse du litre d'air à 0° et à la pression 760 : 1ᵍ,3.

Coefficient de dilatation des gaz : $\dfrac{1}{273}$.

157. Un tube de verre cylindrique, ouvert aux deux bouts, plonge verticalement dans un vase cylindrique complètement fermé contenant de l'eau et de l'air. La température étant 0° et la pression extérieure 76ᶜᵐ, l'eau s'élève dans le tube à une hauteur h. On demande :

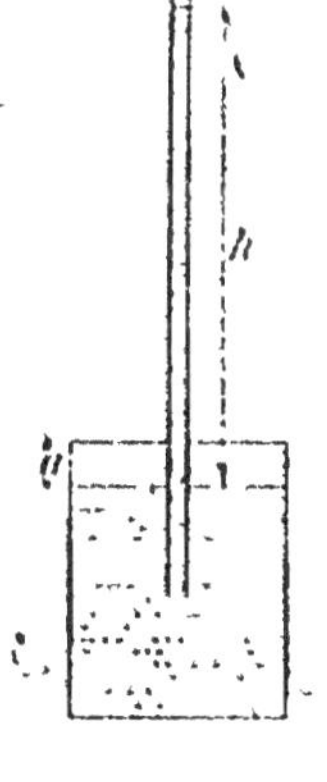

1° Quelle sera la variation x de niveau dans le tube si la colonne barométrique extérieure varie de 1ᶜᵐ, la température restant constante ;

2° Quelle serait la variation de température qui donnerait la même variation de niveau, la pression restant constante et égale à 76ᶜᵐ.

On ne tiendra compte ni de la dilatation du verre, ni de celle de l'eau.

On fera le calcul avec les données suivantes:

Section du tube. . . . . $s = \quad 4^{cm2}$;
Section du vase. . . . . $S = 100^{cm3}$;
Hauteur de l'air . . . . $a = \quad 10^{cm}$;
Hauteur de la colonne d'eau. . . . . $h = 100^{cm}$;
Densité de l'eau. . . . . $= \quad 1$;
Densité du mercure. . . . . $= \quad 13,6$.

158. Un baromètre est enfermé dans un large tube de verre scellé à la lampe. A l'instant de la fermeture, la hauteur de la colonne est 76^{cm}, et la température est 15°.

Calculer la hauteur de la colonne lorsque la température est 40°.

Coefficient de dilatation du mercure . . . . $\dfrac{1}{55\,0}$.

Coefficient de dilatation de l'air. . . . . 0,003 67.
On ne tiendra pas compte de la dilatation du verre.

159. Un vase cylindrique A de 1^m de hauteur et de 10^{cm2} de section  porte à sa partie inférieure un tube latéral B de section négligeable qui s'ouvre dans l'atmosphère au niveau même de la base supérieure. Ce vase contient de l'air sec et du mercure qui remplit le fond du vase et tout le tube B. A 0° la hauteur occupée par l'air est de 50^{cm} et sa pression de 125^{cm} de mercure. On porte tout le système à la température de 200° et l'on demande :

1° Quelle sera la hauteur occupée par l'air ;
2° Quel poids de mercure se sera écoulé par le tube B.
Densité du mercure à 0° : 13,6.

Coefficient de dilatation absolue du mercure : $\dfrac{1}{5550}$.

Coefficient de dilatation de l'air : $\dfrac{1}{273}$.

On négligera la dilatation du vase.

160. Un vase clos, d'abord à 0°, en partie rempli de mercure et d'air à la pression ambiante, communique par sa partie supérieure avec un manomètre à mercure et à air libre incliné de 45°. On porte le vase à la température de $t°$. On demande : 1° a quelle hauteur y va se trouver le mercure ; 2° la variation de pression intérieure du gaz; 3° la longueur x de mercure qu'il faudrait verser dans la longue branche du manomètre pour ramener le mercure au niveau initial dans la petite branche.

On ne tiendra pas compte de la dilatation du vase.

Données :

Hauteur du vase à 0° : $2h_0 = 25^{cm}$;

$t = 100°$; $H = 76^{cm}$;

Coefficient de dilatation du mercure : $\dfrac{1}{5550}$;

Coefficient de dilatation de l'air : $\dfrac{1}{273}$.

161. Un baromètre, dont la cuvette est assez large pour qu'on puisse y considérer les dénivellations du mercure comme négligeables, a une chambre dans laquelle a pénétré une certaine quantité d'air. On veut néanmoins s'en servir pour déterminer la pression atmosphérique.

Une expérience préliminaire a montré que, la température étant 0° et la pression effective 760^{mm}, le baromètre marquait 740^{mm} et la chambre barométrique avait une longueur de 25^{cm}.

On demande quelle est la pression quand, à la température de 35°, le baromètre marque 745^{mm}. On sait que le coefficient de dilatation cubique du mercure est $\dfrac{1}{5550}$, celui de l'air $\dfrac{1}{273}$.

On négligera d'ailleurs la dilatation du verre.

2°. — Mélange des gaz.

162. Deux ballons dont les capacités sont $A = 1$ litre et $B = 2$ litres   sont pleins d'air sec à 0° et 76^{cm}. On les met en communication par un tube étroit, de volume négligeable, et l'on porte le ballon A à 150°, le ballon B à 80°. On demande :

1° La pression finale dans l'appareil ;

2° Le rapport des densités α et β par rapport à l'eau de chacun des gaz renfermés dans les deux ballons.

On ne tiendra pas compte de la dilatation du verre.

163. Dans un ballon de 2^l de capacité, maintenu à la température de 25° et renfermant de l'air sec à la pression de 235^{mm} de mercure, on introduit de l'hydrogène sec, jusqu'à ce que la pression intérieure devienne égale à 550^{mm} de mercure. Calculer respectivement les poids d'azote, d'oxygène et d'hydrogène contenus dans le mélange.

On donne :

le poids du litre d'air à 0° et sous la pression 760 . . . . 1ᵍ,293

le coefficient de dilatation des gaz. . . . . $\dfrac{1}{273}$

la densité de l'azote par rapport à l'air. 0,971
celle de l'oxygène   —   1,1056
celle de l'hydrogène   —   0,0692

164. 50 litres de gaz carbonique à 100° et à la pression de 78^{cm} sont mélangés avec 10ˡ d'hydrogène à 10° et à la pression de 75^{cm}, dans un vase maintenu à 60° et ayant 50ˡ de capacité. Quelle sera la densité du mélange ? — Densité de l'hydrogène : 0,0695 ; du gaz carbonique : 1,5297.

165. Une sphère creuse en laiton de 10^{cm} de diamètre est suspendue à l'un des bras d'une balance et équilibrée dans l'air à 15° et sous la pression de 760^{mm} par un poids en laiton de 20 grammes. Quelle proportion de gaz de densité 0,45 faudra-t-il mélanger à l'air pour que l'excès du poids de la boule sur le poids en laiton devienne 0ᵍ,1 ?

166. 8ˡ d'hydrogène à une pression correspondant à 74^{cm} de mercure sont mélangés avec 3ˡ d'oxygène à une pression correspondant à 76^{cm} de mercure, les deux gaz étant à une température de 14°. Le volume total est réduit à 10ˡ. A quelle température faut-il porter le mélange pour que la pression devienne la pression initiale de l'oxygène. Coefficient de dilatation des gaz : $\dfrac{1}{273}$.

167. Un vase fermé, dont on négligera la dilatation, a une capacité de 1^{m3}. Il contient 900ᵍ d'eau et 1 600ᵍ d'oxygène, et sa température est de 500°. On demande quelle est en kilogrammes, par centimètre carré, la pression à l'intérieur de ce vase, sachant qu'à cette température l'eau est entièrement réduite en vapeur.

La vapeur d'eau et l'oxygène ont pour densités, par rapport à l'hydrogène, respectivement 9 et 16. La masse du litre d'hydrogène à la température de 0° et sous la pression de 76^{cm} de mercure est de 8 centigrammes. Coefficient de dilatation des gaz : $\frac{1}{273}$. Densité du mercure : 13,6.

§ III. — MESURE DES QUANTITÉS DE CHALEUR

1°. — Chaleurs spécifiques.

168. 100^g de cuivre à 100°, plongés dans 500^g d'eau à 5°,1, ont porté la température de cette masse liquide à 6°,8. La même expérience étant répétée avec 800^g d'essence de térébenthine à 6°, la température de l'essence s'est élevée à 8°,5. On demande quelle est la chaleur spécifique de l'essence.

169. Deux morceaux de fer pesant 231^g et 249^g ont été chauffés à une température x. On les a plongés respectivement dans des masses d'eau dont les poids sont 360^g, 450^g et les températures 10° et 12°. Les températures finales sont 17°,5 et 18°,4. On demande la température initiale x et la chaleur spécifique du fer.

170. Pour déterminer la température d'un fourneau, on y introduit un morceau de platine dont le poids est 100^g. Lorsque le métal a bien pris la température du fourneau, on l'introduit immédiatement dans un calorimètre en cuivre contenant 980^g d'eau à 0°. Le poids du calorimètre est 30^g; la température finale du mélange est 5°. Calculer la température du fourneau, sachant que la chaleur spécifique du cuivre est 0,093 9 et celle du platine 0,031 7.

171. Dans un calorimètre en cuivre pesant 30^g et contenant 500^g d'eau à 10°, on immerge un ballon en cuivre pesant 100^g. de 250^{cm^3} de capacité, contenant de l'air à 10 atmosphères de pression. Ce ballon et son contenu ont été chauffés à 100°. On demande quelle est la chaleur spécifique de l'air, sachant que la chaleur spécifique du cuivre est $c = 0,09$ et que le poids du litre d'air à la pression atmosphérique et à la température à laquelle a été rempli le ballon est de $1^g,3$.

On effectuera les calculs pour les deux cas suivants :

1° Température finale $\theta = 11°,68$;

2°   —   — $\theta' = 11°,73$.

De la comparaison des résultats obtenus déduire l'erreur que l'on peut commettre sur la chaleur spécifique de l'air, si on peut se tromper de $\frac{1}{20}$ de degré sur la température finale. Pouvait-on prévoir ce résultat ?

172. Un fragment de laiton est chauffé à $+ 71°$ centigrades et plongé dans 800^g d'eau placés dans un calorimètre en platine dont le poids est de 155^g. La température initiale de l'eau est $+ 12°,51$; sa température finale $+ 13°,01$. On demande le poids du zinc contenu dans le fragment de laiton, sachant que le laiton renferme le tiers de son poids de zinc.

Chaleur spécifique du cuivre : 0,0968
id.   id.   du platine : 0,0333
id.   id.   du zinc :   0,0935

La masse en eau de la portion du thermomètre plongée dans l'eau est de $3^g,50$.

173. La chaleur spécifique du sulfure de cuivre est 0,1212, celle du sulfure d'argent 0,0746. Cela posé, on constate qu'un mélange de ces deux corps pesant 4 kilogrammes, porté à 4° et plongé dans 6 kilogrammes d'eau à 7°,669, en élève la température à 10°; on demande combien le mélange contient de sulfure d'argent et combien il contient de sulfure de cuivre. On ne tiendra pas compte de l'influence perturbatrice du vase dans lequel le mélange s'effectue.

174. Dans un vase de laiton pesant 50 grammes on met 100 grammes de sulfure de plomb et 200 grammes de fer. Le tout est porté à 100°, puis plongé dans un vase de laiton pesant 100 grammes et renfermant $1294^g,6$ d'un liquide inconnu ; ce liquide et le vase qui le renferme sont primitivement à 15°. Après le mélange, la température finale est 20°. On demande quelle est la chaleur spécifique du liquide. La chaleur spécifique du sulfure de plomb est 0,051 ; celle du fer est 0,1144, celle du laiton 0,094.

2°. — Chaleur de fusion.

175. Dans quelle masse d'eau à $+ 20°$ faut-il plonger un kilogramme de glace à $- 20°$ pour que le mélange, après fusion complète de la glace, soit à la température de 0° ?

Chaleur de fusion de la glace : 80 calories.
Chaleur spécifique de la glace : 0,5.

176. On suppose que la Terre soit couverte d'une couche de 2^{cm} d'épaisseur de neige à 0° ; quelle est l'épaisseur de la couche de pluie tombant à 12° 1/2 qui serait nécessaire pour déterminer la fusion de la neige ? On sait que la densité de la neige par rapport à celle de l'eau est 0,18.

177. Un morceau de glace pesant 725^g est placé dans un vase contenant 2500^g d'eau à la température de 5°. L'équilibre thermique étant établi, on trouve que la glace pèse 61^g de moins qu'au début. On demande quelle était la température initiale de la glace.

La chaleur spécifique de la glace est 0,5 ; sa chaleur latente, 80. La capacité calorifique des parois du vase est considérée comme négligeable, ainsi que les échanges de chaleur avec l'extérieur.

178. Un vase métallique pesant 100^g et dont la chaleur spécifique est 0,03 contient trente grammes d'eau à une température inconnue x supérieure à 0°.

On y introduit deux cents milligrammes de glace à 0° ; quand l'équilibre de température est atteint, le thermomètre indique une température finale de trente degrés.

Déduire de ces données la température x de l'eau contenue primitivement dans le vase. On prendra comme chaleur latente de fusion de la glace le nombre 79.

179. Un vase cylindrique d'un décimètre carré de section renferme 2^{kg} d'eau à la température de $39^o,6$.

On y ajoute $1^{kg},200$ de glace à 0°.

On demande :

1º A quelle hauteur s'élève l'eau dans le vase à ce premier moment ;

2º A quelle hauteur elle s'élèvera lorsque l'équilibre thermique sera établi ;

3º Combien de glace il restera à ce second moment ;

4º Bien que le vase soit convenablement protégé contre les échanges de chaleur, toute la glace finira par fondre à la longue, la température extérieure étant supérieure à 0°. — En résultera-t-il une modification du niveau de l'eau ?

Données numériques :

Densité de l'eau à 0° : 0,9999.

Densité de l'eau à 39°,6 : 0,9923.

Chaleur latente de fusion de la glace : 79°,2.

Chaleur spécifique moyenne de l'eau entre 0° et 39°,6 : 1.

On négligera la capacité calorifique du vase, ainsi que sa dilatation.

180. Une sorte de gros thermomètre à mercure, contenant 13^k,6 de mercure, porte latéralement une éprouvette en verre mince,

soudée à la paroi, pénétrant jusqu'au centre du réservoir. La température du mercure étant 10°, on introduit dans l'éprouvette 10^g de glace à 0° qui pénètre jusqu'au fond et y entre en fusion. Sachant que la tige du thermomètre a une section de 1 millimètre carré, on demande de combien le niveau du mercure se déplacera dans cette tige.

On ne tiendra pas compte du poids de l'enveloppe du thermomètre, et on supposera qu'il n'y a pas d'échange sensible de chaleur entre lui et les corps environnants.

Densité du mercure : 13,6.

Chaleur latente de fusion de la glace : 80 calories.

Chaleur spécifique du mercure : 0,033.

Coefficient de dilatation apparente du mercure dans le verre : $\dfrac{1}{6480}$.

181. On sait que, dans des conditions convenablement choisies, un corps peut rester liquide à des températures inférieures à celle de la solidification normale. Cela posé, on demande de combien de degrés au-dessous du point de sa fusion il faut refroidir du phosphore liquide pour que, par sa solidification brusque et complète, il remonte au point de sa fusion. La chaleur latente de fusion du phosphore est 5,4 ; sa chaleur spécifique, dans le voisinage de son point de fusion, est 0,20.

3°. — Chaleurs de vaporisation.

182. Dans 2^{m3} d'eau à 20°, on condense de la vapeur d'eau à 100° et à la pression 76^{cm} ; la température s'élève à 80°. Quel est le nombre de litres de vapeur d'eau qu'on a condensés ?

On prendra 537 pour la chaleur de vaporisation de l'eau à 100°
et $\frac{5}{8}$ pour la densité de la vapeur d'eau.

183. Un vase pesant 100g et fait d'une substance dont la chaleur
spécifique est 0,5 contient, à la température de 0° centigrade, 300g
d'eau et 50g de glace.

Déterminer le poids de vapeur d'eau à 100° qu'il est nécessaire de
faire condenser dans ce vase pour que la température définitive
soit 20° centigrades. Chaleur de vaporisation de l'eau : 537 cal.

184. Dans une machine à vapeur, on suppose la vapeur d'eau à
110° ; l'eau froide injectée dans le condenseur est à la température
de 14°, et l'eau du mélange est à la température de 38°. On demande
quel sera le poids d'eau nécessaire pour condenser un poids donné
de vapeur. La chaleur de vaporisation de l'eau à $t°$ est donnée par
la formule $Q = 606,5 + 0,695t$.

185. Un appareil distillatoire est formé d'un ballon A, contenant
de l'eau à distiller, relié à un réservoir B, contenant de l'eau froide
et où l'on suppose que toutes les vapeurs dégagées se condensent.

On porte le ballon A à 100°. A ce moment on note : 1° le volume
de l'eau de A ; 2° le volume et la température de l'eau en B, soient
1000^{cm3} et 0°. On maintient l'ébullition pendant un certain temps
après lequel on note la diminution du volume de l'eau en A, soit
50^{cm3}, et la température de l'eau en B, soit 15°. On demande de
calculer la perte de chaleur.

Chaleur de vaporisation de l'eau : 537 calories.

186. Combien faut-il condenser de litres de vapeur d'eau à 100° et
à la pression 76^{cm} pour fondre 1^{dm3} de glace à 0° et porter l'eau de
fusion à 80°?

La chaleur de vaporisation de l'eau à 100° est de 537 calories.
On prendra 0,625 pour densité de la vapeur d'eau, 0,921 pour la
masse spécifique de la glace et 80 calories pour chaleur de fusion
de la glace.

187. Combien faut-il introduire de vapeur d'eau bouillante à 100°
dans un vase de laiton du poids de 100g contenant 150g de neige à
— 20°, pour que la neige soit tout entière fondue, et que l'eau résultante reste à 0°.

Chaleur de fusion de la glace. . . . . 79°,2
—   —- vaporisation de l'eau . . . . , 537
—   spécifique de la glace 0,5
—   —   du laiton. 0,095

188. On distille de l'eau dans un alambic dont le réfrigérant a une capacité de 60¹,7. L'eau y est introduite à 10° et on la renouvelle graduellement, de manière que l'eau qui entoure le serpentin se maintienne à la température moyenne de 30°. Combien de fois se sera renouvelée l'eau du réfrigérant, quand on aura distillé 10^{kg} d'eau? L'eau distillée sort du serpentin à la température de 30° et y entre en vapeur à 100°. (On néglige la chaleur prise par le vase réfrigérant et celle qui se perd dans l'air ambiant pendant l'expérience.)

189. Dans un vase qui contient 20^g de glace à — 12°, on ajoute 50^g d'eau à 20°. Que se passe-t-il?

On fait arriver ensuite 2^g de vapeur d'eau à 100°; comment se modifie le système obtenu précédemment?

Quel est le poids de vapeur d'eau à 100° qu'il faut amener dans la seconde expérience pour que, finalement, le vase ne renferme que de l'eau à 100°?

On prendra 0,5 pour la chaleur spécifique de la glace, 80 pour la chaleur de fusion de la glace et 537 pour la chaleur de vaporisation de l'eau à 100°. — On négligera la quantité de chaleur prise par le vase.

190. On a de la houille contenant $\frac{75}{100}$ de carbone et $\frac{5}{100}$ d'hydrogène. Combien faut-il brûler de kilogrammes de cette houille pour produire 100^{kg} de vapeur d'eau à 121°,4 en prenant de l'eau à 10°? La chaleur de combustion du carbone est 8 000, celle de l'hydrogène est 34 000. La quantité de chaleur nécessaire pour transformer 1^{kg} d'eau à 0° en vapeur à la température t est 606,5 + 0,305t. La moitié de la chaleur produite par la combustion s'échappe avec les gaz du foyer.

§ IV. — TENSIONS DES VAPEURS

1° — État hygrométrique.

191. Dans un vase de 10ˡ, plein d'air sec à 10° et à la pression de 75ᶜᵐ de mercure, on introduit 0ᵍ,03 d'eau, puis on ferme le vase.

On demande : 1° Quelle est l'état hygrométrique dans le vase.

2° Quelle sera la force élastique du mélange après que la vaporisation aura été aussi complète que possible.

Force élastique maximum de la vapeur d'eau à 10° : 0ᶜᵐ,916.

192. Un ballon en verre renferme à la température de 30 degrés centigrades de l'air à l'état hygrométrique 0,5 et à la pression de 765 millimètres. Il a, à cette température, une capacité intérieure égale à 3 litres. On le refroidit graduellement jusqu'à zéro. On demande le poids de vapeur d'eau qui se condensera et la pression finale à l'intérieur du ballon.

La tension maximum de la vapeur d'eau est à zéro de 4ᵐᵐ,5, à trente degrés de 31ᵐᵐ,5 ; le coefficient de dilatation cubique du verre est 0,000 026 5, celui de l'air et de la vapeur d'eau 0,003 67. Le poids du litre d'air sec à 0° et à 760ᵐᵐ est 1ᵍ,293 ; la densité de la vapeur d'eau, par rapport à l'air, est 0,622.

193. Un ballon de verre de 5ˡ, fermé à la lampe, renferme de l'air et 5ᶜᵐ³ d'eau. Le ballon étant enveloppé de glace, la tension du gaz qu'il renferme est de 768ᵐᵐ,6. Quelle sera la tension dans le ballon lorsque celui-ci sera plongé dans l'eau à 100° ?

Coefficient de dilatation de l'air : 0,003 66 ; tension maximum de la vapeur d'eau à 0° : 4ᵐᵐ,6. On négligera la dilatation du verre et de l'eau.

194. Dans un ballon de 10ˡ de capacité, on mélange, à la température de 10°, 5ˡ d'air dont l'état hygrométrique est $\frac{1}{4}$ et 5ˡ de gaz carbonique dont l'état hygrométrique est $\frac{1}{3}$. Sachant que la tension maximum de la vapeur d'eau à 10° est 9ᵐᵐ,16, on demande l'état hygrométrique du mélange.

195. On fait passer à travers des tubes desséchants 1^{m3} d'air humide à la température de 16° et à la pression de 770^{mm}. L'augmentation de poids des tubes est $10^g,1$. On demande de calculer :

1° L'état hygrométrique de l'air ;

2° Le volume occupé à 16° et à 770^{mm} par l'air sec contenu dans le mètre cube d'air humide sur lequel on a opéré, ainsi que le poids de cet air sec. On a :

Tension maximum de la vapeur d'eau à 16°, . . . , $13^{mm},5$
Coefficient de dilatation des gaz, . , ... , . , . 0,003 67
Poids du litre d'air sec à 0° et à 760^{mm}, . , ... $1^g,293$

196. Un ballon contient 10 mètres cubes de gaz hydrogène sec à 15° dans un air dont la pression est 756^{mm} de mercure, et la température 15°; la tension de la vapeur d'eau de l'air est $6^{mm},5$ de mercure. Le ballon pèse $5^{kg},600$. On demande quel poids il faudra attacher au ballon pour qu'il se tienne en équilibre.

197. Une éprouvette contient 1 décigramme d'air sec à la pression extérieure, qui est équilibrée par 760^{mm} de mercure, et à la température extérieure, pour laquelle la pression maximum de la vapeur d'eau est 76^{mm}. On place cette éprouvette au-dessus d'une cuve à eau, de telle sorte que ses bords n'enfoncent dans l'eau que d'une quantité négligeable. Quand l'air sera arrivé à la saturation, quelles seront en grammes les masses d'air et de vapeur contenues dans l'éprouvette ?

Densité de la vapeur d'eau par rapport à l'air : $\dfrac{5}{8}$.

198. Une chambre de 120^{m3} de capacité est remplie d'air saturé d'humidité à la température de 15°. Calculer le poids de l'eau qui se déposera quand la température s'abaissera à zéro.

Tension maximum de la vapeur d'eau à 15° . , . . . $12^{mm},7.$
—   —   —   —   à zéro . . . $4^{mm},7.$
Densité de la vapeur d'eau. . . . . 0,622.
Poids d'un litre d'air à 0° et 760 . . . . $1^g,293.$
$$\alpha = 0,003\,67.$$

199. On demande le poids de 15^l d'air humide à la température de 15°, pression 745^{mm}. L'état hygrométrique de cette masse d'air est 2/3. On abaisse brusquement sa température à 5°. Quel sera le poids de vapeur d'eau condensée ?

Tension maximum de la vapeur d'eau : $F_{15} = 12^{mm},6$; $F_5 = 6^{mm},5$.
Poids du litre d'air, à 0° et 760^{mm} : 1^g,293.
Densité de la vapeur d'eau : 0,622.

200. Dans une cloche en verre graduée à 0°, pleine de mercure et reposant sur la cuve à mercure, on introduit 0^g,75 d'éther liquide. La température de la cloche étant portée à 80°, tout le liquide se vaporise et le volume occupé par la vapeur est de 366^{cm3},48 ; le mercure s'élève dans la cloche à une hauteur de 152^{mm},16. La pression extérieure ramenée à 0° est 750^{mm}. Quelle est à cette température la densité de la vapeur d'éther, par rapport à l'air ?

On prendra 0,000 027 6 pour le coefficient de dilatation cubique du verre, 0,000 13 pour celui du mercure, et 0,003 67 pour celui des gaz.

201. Un ballon, dont le volume est supposé invariable, contient de l'air saturé d'humidité : la température est 10°. Il communique avec l'air extérieur par une étroite ouverture munie d'un robinet. Celui-ci étant ouvert, on porte le ballon à la température de 20°. On demande quel sera l'état hygrométrique de l'air intérieur.

La tension maximum de la vapeur à 10° est 9^{mm},2, et à 20° elle est 17^{mm},4. La pression atmosphérique extérieure reste constante pendant l'expérience.

202. Un ballon vide d'air contient de l'eau à la température de 4 degrés. Quel est le rapport du poids de 1 centimètre cube de la vapeur qui se trouve au-dessus du liquide au poids de 1 centimètre cube de ce même liquide ?

Force élastique maximum de la vapeur d'eau à 4° : 6^{mm},069.

Coefficient de dilatation des gaz : $\dfrac{1}{273}$.

Densité de la vapeur d'eau par rapport à l'air : $\dfrac{5}{8}$.

Poids du centimètre cube d'air normal : 0^g,001 293.

203. On prélève un demi-mètre cube dans de l'air, dont la température est 27°,3, l'état hygrométrique 1/3, la pression 75^{cm} de mercure. On fait passer cet air sur des substances desséchantes, et on l'introduit dans un corps de pompe cylindrique entouré de glace fondante, dont la section est 5 décimètres carrés. On demande quelle est, évaluée en kilogrammes, la force qu'il faut faire agir sur le piston, supposé de poids négligeable, pour que l'air occupe dans le corps de pompe une hauteur égale à 4 décimètres. La pression atmosphérique qui est invariable continuant d'ailleurs à agir sur le piston.

Densité du mercure : 13,56. Force élastique maximum de la vapeur d'eau à 27°,3 : 27^{mm}. Coefficient de dilatation de l'air : $\frac{1}{273}$.

204. Une éprouvette remplie de mercure repose sur la cuve à mercure à la température de 0° ; on y introduit 1^{cm3} d'un certain gaz recueilli sur la cuve à eau à la température de 15° et à la pression de 75^{cm} de mercure.

L'éprouvette est cylindrique à base plane de 1^{cm} de diamètre intérieur ; la pression est normale ; la tension maximum de la vapeur d'eau à 0° et à 15° est 4^{mm},6 et 12^{mm},7 de mercure ; le coefficient de dilatation du gaz est $\frac{1}{273}$,

On demande le volume occupé par le gaz dans l'éprouvette :

1° Si la hauteur intérieure h de l'éprouvette au-dessus du niveau dans la cuvette est 1^{cm} ;

2° Si elle est 76^{cm}.

On négligera la variation de niveau du mercure dans la cuvette.

205. Dans un récipient dont la capacité est de 6^l, maintenu à 20°, on introduit 3^l d'hydrogène sec et 2^l d'oxygène sec mesurés à 10° et sous la pression de 765^{mm} de mercure.

On met le feu à ce mélange au moyen d'une étincelle électrique, et l'on demande quelle sera la pression lorsque l'équilibre de température sera rétabli.

La force élastique maximum de la vapeur d'eau à 20° est mesurée par 18^{mm} de mercure.

Coefficient de dilatation des gaz : 0,003 67.

206. Dans un récipient métallique d'un litre de capacité primitivement vide et plongé dans l'eau à 15°, on introduit successivement 200 centimètres cubes d'hydrogène pur et sec mesurés à 0° et sous la pression de 70 centimètres de mercure à 0°, puis 300 centimètres cubes d'oxygène pur et sec mesurés à 20° sous la pression de 76 centimètres de mercure à 0°.

On produit alors une étincelle électrique à l'intérieur du mélange et l'on demande :

1° Quelle sera la pression dans ce récipient lorsqu'il aura repris la température de 15° ;

2° Ce que deviendra cette pression si l'on porte à l'ébullition l'eau dans laquelle plonge ce récipient.

On prendra pour la force élastique maximum de la vapeur d'eau à 15° : 13ᵐᵐ de mercure, et pour coefficient de dilatation des gaz et de la vapeur d'eau : 0,003 67.

On négligera la dilatation du récipient métallique.

207. Le dépôt de rosée sur un hygromètre à condensation s'est toujours fait à la même température de 8° pendant la durée d'une journée ; à 7 heures du matin, la température était 16° ; à 2 heures, 28°, et, à 6 heures du soir, 23° ; on demande quels étaient, à chacune de ces époques : 1° l'état hygrométrique de l'air ; 2° le poids de la vapeur contenue dans chaque mètre cube d'air.

Les tensions maximum de la vapeur d'eau sont :

$$
\begin{aligned}
\text{A} \quad 8° &\ldots\ldots\ldots\ldots \quad 0^m,0084 \\
\text{A} \quad 16° &\ldots\ldots\ldots\ldots \quad 0\ ,0136 \\
\text{A} \quad 28° &\ldots\ldots\ldots\ldots \quad 0\ ,0274 \\
\text{A} \quad 23° &\ldots\ldots\ldots\ldots \quad 0\ ,0206
\end{aligned}
$$

La densité de la vapeur rapportée à l'air est $\dfrac{5}{8}$; le poids du litre d'air à 0° et sous la pression 0ᵐ,76 est 1ᶠ,293 ; la pression atmosphérique a toujours été 0ᵐ,76. Le coefficient de dilatation des gaz est 0,003 67.

208. Sous la cloche d'une machine pneumatique, on place une assiette pleine d'eau. Quand l'air est saturé, on donne successivement deux coups de piston assez lentement pour que le volume offert à la vapeur d'eau soit constamment saturé.

On demande de calculer la pression finale.

(On négligera la variation de volume que l'eau éprouve du fait de l'évaporation.)

$$
\begin{aligned}
\text{Volume du corps de pompe} &\ldots\ldots \quad \text{V} = 2^l \\
\text{Volume de la cloche} &\ldots\ldots \quad \text{R} = 10^l \\
\text{Tension maximum de la vapeur d'eau} &\ldots \quad \text{F} = 25^{mm} \\
\text{Pression initiale} &\ldots\ldots \quad \text{H} = 760^{mm}
\end{aligned}
$$

2°. — Machines à vapeur.

209. Le diamètre intérieur du cylindre d'une machine à vapeur
à basse pression, sans détente, est 0^m,45 ; la course du piston est
1^m,2 ; le nombre des coups de piston par minute est 24 ; la pression
de la vapeur est 1^{atm},2 ; la pression dans le condenseur est 0^{atm},05.

Quelle est, en kilogrammes, la force qui agit sur le piston ?

Quelle est, en chevaux-vapeur, la puissance théorique de la
machine ?

Quelles sont, pour une journée de 12 heures, les dépenses en
eau et en charbon, sachant que, pour chaque cheval-vapeur, on
compte, par heure, 3^k,2 d'eau et 2^k,5 de charbon ?

210. L'une des faces d'un piston est soumise à une pression de
12 atmosphères, l'autre à la pression atmosphérique. La course du
piston est de 35 centimètres, le travail accompli pendant la course
de 21 715,6 kilogrammètres. Quelle est la surface du piston ?

211. Le cylindre d'une machine à vapeur reçoit de la vapeur à
10 atmosphères qui presse la face inférieure du piston ; la face supérieure reçoit la pression atmosphérique.

Le rayon du piston est de 0^m,20, sa course de 0^m,50. Quel est,
en kilogrammètres, le travail accompli pendant la course du piston ?

212. Le couvercle d'une chaudière à vapeur porte : 1° un tube
renfermant du mercure dans lequel plonge un thermomètre ; 2°
un robinet R ; 3° une soupape de sûreté S d'un centimètre de
rayon, commandée par un levier ABC mobile autour du point A.
Les longueurs AB et AC sont respectivement 10^{cm} et 30^{cm}. On suspend en C un poids de 4060^g. On ouvre le robinet R et on fait
bouillir pendant un certain temps l'eau de la chaudière. On ferme
R et on continue à chauffer. On constate que la soupape se soulève
quand le thermomètre marque 150°. On demande quelle est, en
millimètres de mercure, la pression de la vapeur, sachant que le
baromètre indique une pression de 730^{mm}. On négligera le poids de
la soupape et du levier.

213. Dans un corps de pompe de 100^l de capacité se meut un
piston dont les deux faces sont en relation, l'une avec un condenseur dans lequel la pression de la vapeur d'eau est de 60^{mm} de mer-

cure, l'autre avec une chaudière fournissant de la vapeur d'eau saturée à 160°. Le frottement du piston contre la paroi est supposé négligeable. Quel sera le travail fourni par une course complète du piston? Quel sera le travail par gramme de vapeur dépensée ?

Densité de la vapeur d'eau par rapport à l'air : 0,625.

Coefficient de dilatation des gaz : $\dfrac{1}{273}$.

Poids normal du litre d'air : $1^g,293$.

Densité du mercure : 13,6.

214. Dans une machine à vapeur, on suppose la vapeur d'eau à 140°, l'eau froide à injecter dans le condenseur à 14°, et l'eau du mélange à 38°; on demande quel sera le poids d'eau nécessaire pour condenser un poids donné de vapeur, sachant que la transformation de 1^g d'eau à 38° en vapeur à 140° exige 611 calories.

215. Calculer en chevaux-vapeur la puissance d'une machine à double effet, sans condenseur, fonctionnant à 5 atmosphères, sachant qu'elle fait 2 tours à la seconde et que le piston a une section de 5^{dm^2} et une course de 50^{cm}.

216. Dans les deux corps de pompe d'une locomotive, la vapeur travaille à une pression moyenne de 12 atmosphères. La course de chaque piston est de $0^m,60$, la surface de chacun d'eux est un cercle de $0^m,50$ de diamètre; il y a, par seconde, 4 allées et 4 venues du piston.

En admettant que le rendement de la locomotive soit $\dfrac{1}{20}$ de l'énergie calorifique, calculer la dépense par heure en charbon et en francs. — On sait que le kilogramme de houille brûlant à l'air dégage en moyenne 8 000 *grandes calories* et que la tonne de houille coûte 40 fr.

Équivalent mécanique de la calorie dans le système C. G. S : $4,2 \times 10^7$.

Densité du mercure : 13,6. — Accélération de la pesanteur : $g = 981 \dfrac{cm}{sec^2}$.

§ V. — PROBLÈMES DIVERS SUR LA CHALEUR

217. Quel serait le coefficient de dilatation z des gaz si on partait du 0° du thermomètre Fahrenheit et si on prenait pour unité de température un degré de ce thermomètre? On supposera $x = \dfrac{1}{273}$ avec la graduation centigrade.

218. Deux cubes ayant, l'un 10^{c3} de côté, l'autre 1^{cm} de côté, sont suspendus sous les plateaux d'une balance ; celle-ci est en équilibre quand les deux cubes sont placés dans le vide.

On met sur le cube le plus gros une surcharge de $1g$ de volume négligeable et on plonge les deux cubes dans une masse d'air à une pression x et à une température de $15°$ C. On demande la valeur de x pour laquelle l'équilibre est rétabli.

Coefficient de dilatation de l'air : $\quad \alpha = \dfrac{1}{273}$;

Poids du litre d'air dans les conditions normales : $\quad p = 1^g,3$.

219. Un ballon en verre plein de gaz carbonique sec à la pression $0^m,76$ est suspendu à l'un des plateaux d'une balance dans de l'air également sec à la pression $0^m,78$. On en fait la tare. On fait ensuite le vide dans le ballon de telle sorte que la pression du gaz qu'il contient soit réduite à 2^{cm}. Pendant ce temps, la pression extérieure a varié de 10^{mm}. On trouve alors que, pour rétablir l'équilibre, il faut ajouter sur le plateau de la balance un poids de $15g$. On demande de calculer le volume du ballon.

Pendant toute la durée de l'expérience la température est restée égale à $0°$.

On ne tiendra pas compte de l'épaisseur du verre du ballon.

Densité du gaz carbonique, $1,52$.

220. Une sphère métallique est suspendue par un fil très fin sous le plateau d'une balance. La balance est en équilibre dans l'air pour une masse de 10^g placée dans l'autre plateau. La densité du métal de la sphère est égale à $8,8$ à $0°$; son coefficient de dilatation linéaire, à $0,000017$.

On plonge la sphère métallique dans un liquide à la température de $0°$; il faut alors une masse de $8^g,640$ dans l'autre plateau pour établir l'équilibre. On chauffe ensuite le liquide et on trouve qu'à la température de $20°$, il faut $8^g,664$ dans le deuxième plateau pour établir l'équilibre. On demande :

1° Quelle est la densité du liquide à $0°$;

2° Quel est le coefficient de dilatation moyen de 0 à $20°$ du liquide.

3° Traiter les mêmes questions en tenant compte de ce que les pesées sont faites dans l'air à la pression atmosphérique normale et à la température de 20°.

221. Un récipient ayant une capacité de 10 litres renferme de l'air à la pression atmosphérique, laquelle est égale à $0^m,760$ de mercure. Le récipient est fermé par une soupape dont la section est de 32 centimètres carrés. Un poids de 25 kilogrammes pèse sur cette soupape. On demande quel poids d'air il faudra injecter dans le récipient pour que la soupape se soulève. La température est de 30°. On sait que la densité de l'air par rapport à l'eau à 0° et à $0^m,760$ de pression est $\dfrac{1}{773}$, et que le coefficient de dilatation du gaz est 0,003 67 ; on sait, de plus, que la masse spécifique du mercure est $13^g,5$. Il est entendu que le récipient est dans l'air, de sorte que la pression atmosphérique s'exerce librement sur toute la surface.

222. Une ampoule de verre contenant de l'air est terminée par un petit tube ouvert et recourbé. L'ampoule enfoncée dans l'eau est lestée par une certaine masse de plomb suspendue au crochet. L'ampoule était remplie d'air sec à la pression atmosphérique de 75^{cm} de mercure et à la température ambiante de 10°, lorsque l'on a plongé la pointe dans l'eau. L'eau entre alors dans l'ampoule par le petit tube inférieur.

1° Quelle pression faut-il exercer, à la surface de l'eau, pour que l'ampoule soit en équilibre et que le niveau du liquide dans l'ampoule soit à 10^{cm} de la surface libre de l'eau dans le vase ?

2° Quelle pression faudra-t-il exercer, à la surface de l'eau, pour maintenir l'équilibre pour la même position de l'ampoule, si l'on porte tout l'appareil à 40° ?

3° L'équilibre est-il stable ou instable, autrement dit, si on donne à l'appareil un petit déplacement au-dessus ou au-dessous de la position d'équilibre, reviendra-t-il de lui-même à cette position ou s'en écartera-t-il de plus en plus ?

On admettra que la densité de l'eau ne varie pas avec la température et est égale à 1.

Diamètre de l'ampoule : 4^{cm}.

Épaisseur du verre : 1/2 millimètre ; on négligera l'influence du petit tube recourbé.

Coefficient de dilatation des gaz : 0,003 67.

Tension de la vapeur d'eau à 10° : 0^{cm},9 (en colonne de Hg).

—   —   à 40° : 5^{cm},5   —

Densité du mercure : 13,6

—   verre : 2,5.

—   plomb : 11,3.

Poids du plomb : 15^g.

223. On a deux récipients A et B ; le premier, de 1^l de capacité, contient de l'air à la température de 15° et à la pression 720^{mm} de mercure ; le second, de 2 litres, est également rempli d'air, mais cet air s'y trouve à la température de 20° et à la pression de 4 atmosphères 1/2. On réunit ces deux récipients par un tube et on ouvre les robinets qui les ferment. On demande :

1° de calculer le poids de l'air qui s'est écoulé du récipient B dans le récipient A, lorsque la température dans les deux est devenue égale à celle du milieu ambiant, 15° ;

2° de déterminer la pression du gaz, à ce moment, dans les deux vases.

On sait que le poids normal du litre d'air est 1^g,293 et que son coefficient de dilatation est de $\frac{1}{273}$. On négligera le volume intérieur du tube de communication.

(Ec. d'Arts et Métiers, 1905.)

224. Un cylindre vertical AB est fermé par un piston mobile P et porte à la partie inférieure un robinet R. Sous ce piston est enfermé de l'air et une certaine quantité d'eau. La pression atmosphérique étant mesurée par une colonne de mercure de 760^{mm} et la température étant 30°, la colonne gazeuse occupe une hauteur de 20^{cm}.

1° On élève la température à 100° ; on demande de quel poids il faudra charger le piston pour que la colonne gazeuse occupe la même hauteur de 20^{cm}.

2° Le piston restant chargé du poids qu'on vient de trouver et la température étant maintenue à 100°, quel poids d'anhydride carbonique faudra-t-il introduire par le robinet R pour que la colonne gazeuse ait une hauteur de 1 mètre ?

Données :

Masse du piston: 5^{kg}.

Section du cylindre : 10^{cm^2}.

Tension maximum de la vapeur d'eau à 30° : $31^{mm},5$.

—   —   —   100° : 760^{mm}.

Densité du mercure : 13,6.

—   de l'anhydride carbonique : 1,529.

Coefficient de dilatation des gaz : 0,003 67.

NOTA. — Pendant toute l'opération la vapeur reste saturante et la pression atmosphérique constante. On néglige les frottements et la dilatation du cylindre.

(Inst. cath. d'Arts et Métiers de Lille, 1909.)

225. On a fait bouillir de l'eau à la température de 99° indiquée par le thermomètre T, de manière à expulser l'air du ballon A. On adapte au ballon, de manière à le fermer, le tube BC, plongeant dans de l'eau à 0°. Ce tube est rempli d'air sec à la température ambiante 0° et à la pression atmosphérique H. On laisse refroidir.

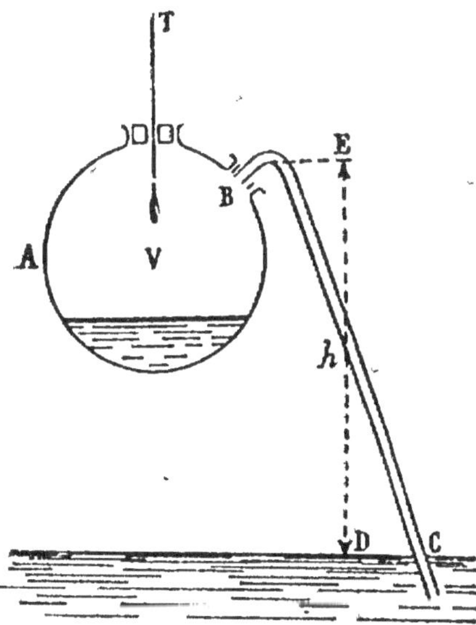

L'eau s'élevant dans le tube BC, arrive en B lorsque le thermomètre T plongé dans la vapeur du ballon marque $t°$.

1° Calculer la tension F de la vapeur du ballon à cette température $t°$.

2° L'écoulement de l'eau dans le ballon cesse définitivement quand le thermomètre se fixe à 0°. Calculer le volume de l'eau entrée dans le ballon.

3° Calculer le poids de la vapeur d'eau condensée depuis le moment où l'on a adapté le tube BC.

4° Calculer la quantité de chaleur émise par le contenu du ballon depuis ce moment. Il restait alors 1^{kg} d'eau à 99° dans le ballon, et finalement le tout est à 0°.

On donne : Distance verticale $ED = h = 1^m,50$;

Volume intérieur du tube BC : $v = 300^{cm^3}$;

$H = 1^{kg}, \quad t^o = 91^o$;

Tension de la vapeur d'eau saturante à 0° : $F_0 = 6^g$;

$\quad$ — $\quad$ — $\quad$ — $\quad$ 99° : $F = 1^{kg}$;

Coefficient de dilatation des gaz : $\alpha = \dfrac{1}{273}$;

Densité de la vapeur d'eau par rapport à l'air : $d = \dfrac{5}{8}$; poids

normal du litre d'air : $a = 1^g,293$;

Volume du ballon occupé par la vapeur au début de l'expérience :
$V = 4^l$. (On négligera les changements de volume de l'enveloppe et
du liquide).

(Inst. cath. d'Arts et Métiers de Lille, 1910.)

226. Une chaudière à vapeur est sous pression à la température
de 170° centigrades. On demande :

1° La pression de la vapeur en admettant que la pression p exprimée en atmosphères est reliée à la température t par la relation
$$p = \left(\frac{t}{100}\right)^4 ;$$

2° La valeur du poids qu'il faut placer sur une soupape plane de
3^{cm} de rayon pour l'empêcher de se soulever ;

3° Le poids de vapeur qu'il faut dépenser pour alimenter en
pleine pression pendant 2 heures une machine à vapeur dont le
piston a une course de $1^m,20$ et un diamètre de $0^m,40$ et dont l'arbre fait 20 tours à la minute. (On appliquera les lois de Mariotte et
de Gay-Lussac) ;

4° Le poids de charbon nécessaire pour produire la vapeur consommée en alimentant avec de l'eau à 15°. On admettra 8 000 calories pour pouvoir calorifique du charbon employé. On admettra
d'autre part que les $\dfrac{3}{4}$ seulement de la chaleur produite par la

combustion du charbon servent à échauffer l'eau.

Données :

Poids spécifique du mercure : 13,6 ;

Densité de la vapeur d'eau : 0,622 ;

Poids du litre d'air normal : $1^g,3$;

Coefficient de dilatation des gaz et des vapeurs : $\dfrac{1}{273}$;

Pression barométrique dans le local où se trouve la chaudière : 730^{mm} ;

Nombre de calories nécessaires pour transformer 1^{kg} d'eau à 0° en vapeur à la température $t°$: $Q = 606,5 - 0,305t$.

ÉLECTRICITÉ

§ I. — ÉLECTRICITÉ STATIQUE

Potentiel. — Capacité.

227. On donne la même charge électrique à deux sphères con-
ductrices dont les rayons sont entre eux comme 2 et 1, et on les
met ensuite en communication lointaine. On demande de calculer
pour chaque sphère, lorsque l'équilibre est établi, le rapport de
son nouveau potentiel à son potentiel primitif.

228. Deux sphères métalliques, dont les rayons sont respectivement
de 1 et de 4 centimètres, ont été électrisées, puis mises en communication lointaine. Cette communication étant interrompue et les
centre des deux sphères étant à une distance de 10 centimètres, leur
répulsion mutuelle est de 8 dynes. Calculer le potentiel et les
charges des deux sphères en U. E. S.

229. En 10 tours de plateau, une machine de Holtz fait donner
une étincelle de 1^{mm} à une jarre dont la capacité électrostatique
est de 20 000 U. E. S. Quel travail a-t-on dépensé par tour et quel
est le débit de la machine quand elle fait 15 tours par seconde?
On sait que l'étincelle obtenue correspond à une différence de potentiel de 5 490 volts.

230. Deux surfaces sphériques métalliques sont concentriques.
La sphère enveloppante reliée au sol a 50^{cm} de rayon, la sphère
enveloppée isolée a 40^{cm}. La différence de potentiel entre les deux
surfaces est de 600 U. E. S. On réduit la sphère extérieure à 45^{cm}
de rayon. On demande la nouvelle différence de potentiel.

231. Un condensateur à lame d'air, dont les plateaux sont distants de 4^{cm}, a une capacité de 100 U. E. S. Que deviendra cette capacité si l'on rapproche ces plateaux, en les appliquant sur les deux faces d'une lame isolante de verre de 1^{mm} d'épaisseur? On sait que le pouvoir inducteur spécifique du verre est égal à 5.

232. Une batterie de 10 jarres dont chacune présente une surface de 600$^{cm^2}$ est chargée par une machine de Ramsden au potentiel de 25 000 volts. Quelle est l'énergie de ce condensateur, et quelle serait-elle si les bouteilles étaient en cascade ?

Épaisseur du verre : 2^{mm}. — Pouvoir inducteur du verre : 3.

233. Une bouteille de Leyde a son armature externe au sol et son armature interne au potentiel de 60 000 volts. On relie celle-ci à l'une des armatures d'une boite de capacité $\dfrac{1}{100}$ de microfarad, l'autre armature étant au sol. On constate un potentiel d'équilibre de 24 000 volts.

On demande :

1° La capacité électrique C de la bouteille de Leyde ;

2° L'énergie électrique qu'elle possédait à l'origine ;

3° La quantité de calories que cette énergie aurait donnée par sa transformation totale en énergie calorifique.

234. Les armatures d'un condensateur, dont la capacité est 0,008 44 microfarad, sont portées à une différence de potentiel de 9 000 volts.

1° Quelle est la valeur de la charge ?

2° Quelle est la quantité de chaleur que peut produire la décharge complète ?

235. Une sphère métallique de 25^{cm} de rayon est électrisée au potentiel 200. On lui fait partager sa charge avec le collecteur d'une bouteille de Leyde (condenseur relié au sol) de capacité inconnue ; le potentiel tombe à 20. On demande :

1° Quelle est la capacité de la bouteille ;

2° Quelle est l'énergie de la charge de la bouteille après ce partage ;

3° Quelle vitesse devrait avoir un projectile de 100^g pour posséder la même énergie que la bouteille.

On sait que l'énergie cinétique est donnée par la formule

$$W = \frac{mv^2}{2} \ (\text{U. C. G. S.}).$$

§ II. — LE COURANT ÉLECTRIQUE

1°. — Résistances. — Loi d'Ohm.

236. En intercalant, dans le conducteur d'un courant électrique, un fil de cuivre de $0^{mm},2$ de diamètre et de $13^m,785$ de longueur, on constate que l'intensité de ce courant se réduit aux $\frac{4}{9}$ de celle qu'il avait dans le conducteur primitif dont on demande de calculer la résistance, sachant que celle d'un fil de cuivre de $58^m,50$ de longueur et de 1 millimètre carré de section est égale à 1 ohm.

237. Le fil conducteur d'un tramway est fait d'acier ayant une résistance spécifique de $0^{ohm},000\,012\,1$ et coûtant $187^{fr},50$ la tonne ; du cuivre de haute conductibilité, ayant une résistance spécifique de $0^{ohm},000\,001\,6$, coûterait $2\,100^{fr}$ la tonne. La section du conducteur d'acier est $8^{cm2},817$; calculer le diamètre d'un conducteur cylindrique en cuivre de même résistance ; calculer le rapport des prix des deux conducteurs. Densité du fer : 7,6 ; densité du cuivre : 8,8.

238. Soit un circuit électrique formé d'un fil de cuivre de 2^{mm2} de section et de 20^{km} de longueur ; on demande de calculer la section que devra posséder un fil d'aluminium de même longueur pour présenter la même résistance au passage du courant. On calculera aussi le poids des deux conducteurs.

Résistivités en microhms-centimètre : cuivre : 1,584 ; aluminium : 2,889.

Poids spécifiques : cuivre : 8,95 ; aluminium : 2,67.

239. Un générateur d'électricité lance un courant de 12 ampères dans un circuit comprenant 18 lampes dont chacune a une résistance de 3 ohms. Le fil conducteur a une résistance de 1 ohm. On demande quelle est la résistance de la machine, sachant que celle-ci a une force électromotrice de 900 volts.

240. Une pile, dont la force électromotrice est de 1,48 volts et la résistance intérieure de 1,3 ohm, est fermée par un fil conjonctif de 2 ohms de résistance. Quelle est la différence de potentiel des pôles?

(A. Witz.)

241. Une machine magnéto-électrique ayant, en régime permanent, une force électromotrice de E volts, donne dans un circuit extérieur dont la résistance est r ohms, un courant dont l'intensité est de I ampères. Calculer la résistance intérieure de la machine.

242. Le circuit extérieur d'une pile est formé par un fil de cuivre de 2^{mm2} de section et de 10^m de longueur. On constate que la différence de potentiel entre deux points du fil distants de 2^m est de $\frac{1}{10}$ de volt. On demande:

1° Quelle est l'intensité du courant de la pile;

2° Quelle est la résistance intérieure de la pile, sachant que sa force électromotrice est de 1^{volt},8.

On sait que la résistance d'un fil de cuivre de 1^m de longueur et de 1^{mm2} de section est 0^{ohm},018.

243. Une pile de résistance inconnue x est fermée sur un circuit dont la résistance est de R ohms, et l'on a mesuré entre ses bornes une différence de potentiel égale à E' volts. La pile étant ouverte, on a trouvé que sa force électromotrice était égale à E volts. En déduire la valeur de x.

(A. Witz.)

244. Dans le circuit d'une pile de force électromotrice E on intercale en série deux boîtes de résistance identiques B_1 et B_2. Ces deux boîtes sont reliées entre elles ainsi qu'aux bornes de la pile E par des conducteurs de résistance négligeable. Dans une première expérience toutes les clefs de la boîte B_1 sont placées dans les trous correspondants, tandis que toutes les clefs de la boîte B_2 sont enlevées. On demande quelle est la force électromotrice qui existe entre les bornes a_1 et b_1 de la boîte B_1.

Dans une seconde expérience on enlève un certain nombre de clefs de la boîte B_1, on les transporte sur la boîte B_2 de manière qu'elles occupent exactement la place qu'elles avaient sur B_1.

Soient R la résistance totale que peut introduire une seule des boîtes dans le circuit de la pile, R_1 la résistance introduite entre a_1 et b_1 dans la deuxième expérience.

Quelle est la force électromotrice existant entre a_1 et b_1 dans la deuxième expérience?

$$E = 1,5, \qquad R = 10\,000 \text{ ohms}, \qquad R_1 = 200 \text{ ohms}.$$

La résistance intérieure de la pile est négligeable.

245. Pour comparer les forces électromotrices E_1 et E_2 de deux piles, de résistances intérieures r_1 et r_2 inconnues, on les met en circuit avec un galvanomètre de résistance g également inconnue.

Dans une première expérience, les piles sont réunies par deux pôles contraires, et on lit la déviation D du galvanomètre. Dans une seconde expérience, elles sont réunies par deux pôles de même nom, c'est-à-dire mises en opposition, et on lit la déviation d. En admettant la proportionnalité des intensités aux déviations, on demande le rapport des deux forces électromotrices.

Cas particulier :   D = 56 divisions, $d = 8$ divisions.

246. Quel est le plus petit nombre d'éléments Leclanché, associés en série, nécessaire pour suffire à l'entretien d'une lampe à incandescence Swann ayant, à chaud, une résistance de 70 ohms et nécessitant un courant de 0,75 ampère?— F. é. m. d'un élément Leclanché : 1,45 volts ; résistance intérieure de cet élément : 1,10 ohm.

(A. Witz.)

·2°. — Groupement des piles.

247. Les deux pôles d'une pile de 4 éléments Daniel sont réunis par un fil de cuivre de $2^{\text{mm}2}$ de section. Quelle doit être la longueur du fil pour que le courant ait une intensité de 5 ampères? Que devient cette intensité si les éléments sont réunis en surface?

On donne :

La force électromotrice d'un élément Daniel. . . . $1^{\text{volt}},07$
Sa résistance. . . . . $0^{\text{ohm}},1$
Le coefficient de résistance du fil, c'est-à-dire la résistance d'un fil de 1^{m} de long et de $1^{\text{mm}2}$ de section. . . . . . . $0^{\text{ohm}},018$

248. Trois éléments de pile identiques, associés en tension, donnent, dans un conducteur A qui réunit les pôles de la pile, un courant de 6^{amp} : en associant en tension 24 de ces éléments, on obtiendrait dans le même conducteur un courant de 20^{amp}. On demande combien il faudrait associer des mêmes éléments, toujours en tension, pour déterminer dans le conducteur A un courant de 10^{amp}.

249. Six éléments de pile identiques associés en tension donnent, dans un conducteur A qui réunit les pôles de la pile, un courant de 10 ampères. En ne mettant en tension que trois de ces éléments on obtient dans le même conducteur A un courant de 6 ampères. Combien faudrait-il mettre de ces éléments en tension pour que la pile ainsi formée fournît dans le conducteur A un courant de 20 ampères ?

250. Quelle est l'intensité du courant entretenu par une pile de 15 éléments Daniell fermée sur une résistance extérieure de 3 ohms :
1° dans le cas d'un couplage en série ;
2° dans le cas d'un couplage en quantité ;
3° dans le couplage mixte en série et en quantité ?
La force électromotrice d'un élément Daniell est égale à $1^{volt},07$; la résistance intérieure d'un élément à $0^{ohm},4$.

251. On donne n éléments de pile identiques dont la résistance intérieure est r. Quelle doit être la résistance extérieure R pour qu'il n'y ait aucun avantage à les associer en série ou en batterie ?
Si l'on donne $r = 2$ ohms, $R = 10$ ohms, quelle est la disposition la plus avantageuse ?

252. Le courant fourni par une pile de 20 éléments associés en série traverse un conducteur en cuivre ayant 4^{mm2} de section et 10^m de longueur ; son intensité est de 9,4 ampères ; s'il traverse un conducteur en fer ayant même longueur et même section que le conducteur de cuivre, l'intensité se réduit à 8,96 ampères. La résistance du cuivre évaluée en ohms est 0,016 par millimètre carré de section et par mètre de longueur ; celle du fer est 0,096. Calculer :
1° La force électromotrice de chaque élément exprimée en volts ;
2° La résistance intérieure d'un élément en ohms ;
3° L'intensité du courant qui traverserait le conducteur de cuivre si les éléments étaient associés en surface.

253. Vingt éléments de pile, disposés en série, fournissent dans un circuit de 5^{ohms} de résistance, non compris celle des piles, un courant qui dégage en une heure dans un voltamètre à eau acidulée $7^{cg},452$ d'hydrogène.

Les mêmes éléments, arrangés en deux séries parallèles de 10 éléments chacune, dont les pôles extrêmes de même nom sont réunis au circuit extérieur de 5ohms, donnent dans le même temps la même quantité d'hydrogène. — On demande la résistance et la force électromotrice de chaque élément.

On rappelle qu'il faut 96 600 coulombs pour libérer un gramme d'hydrogène.

254. Un élément Bunsen dont la force électromotrice est 1volt,8 et la résistance 0ohm,1 est relié à un circuit extérieur dont la résistance est de 0ohm,1. On a un courant d'une certaine intensité.

Peut-on obtenir le même courant dans le même circuit extérieur en remplaçant l'élément Bunsen par un certain nombre d'éléments Daniell de force électromotrice 0volt,9 et de résistance intérieure 10ohms?

Résoudre le même problème en supposant la résistance extérieure négligeable.

255. On dispose de 12 éléments de pile possédant chacun une résistance de 2ohms et une force électromotrice de 1volt,5. Comment faut-il les associer pour que le courant produit dans un fil extérieur dont la résistance est de 9ohms soit le plus intense possible? Et quelle est cette intensité?

256. On dispose de 1 000 éléments Daniel, que l'on monte en série. Le milieu de la pile ainsi constituée étant mis en relation avec le sol, et la force électromotrice de l'élément étant prise égale à 1volt,05 :

1° On demande de calculer la valeur du potentiel aux pôles extrêmes de la pile;

2° On met en communication l'un des pôles extrêmes de la pile avec l'une des armatures d'un condensateur plan dont l'autre armature est mise au sol. Sachant que la capacité de ce condensateur est de 30 microfarads, on demande de calculer les charges des deux armatures, ces charges étant évaluées avec l'unité pratique que l'on utilise habituellement lorsqu'on emploie le volt comme unité pratique de potentiel.

3°. — Loi de Joule.

257. Le courant d'une pile, dont la force électromotrice est de 50 volts, traverse une spirale conductrice de résistance inconnue.

Quelle doit être la résistance de cette spirale pour que dans une minute le courant y dégage une quantité de chaleur égale à 1 500 joules ? Quelle est l'intensité du courant fourni par la pile ?

On donne la résistance intérieure de la pile : $\rho = 4$ ohms.

258. On se propose de porter à la température de 60° une masse d'eau, prise à 10°, de $2^{kg},100$, contenue dans un vase, par l'échauffement d'un conducteur électrique entièrement plongé dans l'eau, sans contact avec les parois du vase.

La différence de potentiel est de 110 volts aux deux extrémités du conducteur, qui est traversé par un courant d'une intensité de 10 ampères.

On demande au bout de combien de temps on aura atteint la température de 60°, en admettant que la perte de chaleur par conductibilité et rayonnement est, pendant la durée de l'opération, de 400 calories gramme ou petites calories.

259. Un moteur électrique est mis en mouvement par un courant de 10 ampères, sous une tension de 110 volts. Il fait tourner un arbre portant des palettes à l'intérieur d'un calorimètre rempli d'eau, dont la capacité calorifique totale est équivalente à celle de 2 500 grammes d'eau. La température du calorimètre s'élève de $5°,7$ par minute. Quel est le rendement du moteur? Équivalent mécanique de la calorie : $4^{joules},17$.

260. Dans un calorimètre à eau, on plonge une lampe à incandescence de 250^{ohms} de résistance électrique. Deux fils isolés la réunissent à deux bornes d'une distribution à 110^{volts}. On laisse le courant passer pendant 10 minutes. De combien se sera élevée la température de l'eau du calorimètre, en supposant qu'il contient 2^l d'eau, l'équivalent en eau du calorimètre et de la lampe représentant en tout 15^g ?

261. Un flacon de verre plein d'alcool et contenant 200^{cm^3} de ce liquide à 0° est fermé par un bouchon laissant passer un tube de verre vertical dans lequel l'alcool s'élève à une certaine hauteur. Dans l'alcool est plongé un fil de cuivre dans lequel on fait passer pendant un quart d'heure un courant dont l'intensité est $1^{amp},42$. La chaleur dégagée par le courant fait monter le liquide dans le tube d'une hauteur que l'on propose d'évaluer.

La section du tube est 2^{mm^2}; la densité de l'alcool est 0,8 ; sa chaleur spécifique, 0,58 ; son coefficient de dilatation cubique, 0,012. Le fil de cuivre a 30^{cm} de longueur et une section de 1/2 millimètre carré. La résistance d'un fil de ce métal ayant 1^m de long et 1^{mm^2} de section est $0^{ohm},018$. On négligera le rayonnement ainsi que l'échauffement du verre et du fil.

262. Dans un calorimètre dont la masse, réduite en eau, est 500^g, se trouve un fil métallique dont la résistance est égale à $10^{ohms},5$: on fait passer dans ce fil un courant de 2^{amp} pendant une minute et on constate une élévation de température de $1°,2$. Quelle valeur cette expérience donnerait-elle pour l'équivalent mécanique de la calorie ?

Quelle devrait être la hauteur d'une chute d'eau pour que l'eau, arrêtée au bas de la chute, subisse une élévation de température égale à $0°,12$, en supposant que toute l'énergie mise en jeu dans la chute serve à échauffer l'eau ? On prendra 981^{cm} pour l'accélération due à la pesanteur.

263. Une pile de force électromotrice E, de résistance intérieure ρ est reliée successivement à deux bobines de résistances R_1 et R_2. Calculer la résistance ρ de façon que la quantité de chaleur dégagée pendant le même temps dans les deux bobines R_1 et R_2 soit la même.

264. On fait passer pendant 7 minutes un courant électrique à travers un conducteur plongé dans un calorimètre contenant 2^{kg} d'eau. La différence de potentiel aux deux extrémités du conducteur est de 70 volts et le courant a une intensité de 15 ampères.

Quelle sera l'élévation de température de l'eau, sachant qu'il se produit une perte de 500 calories par conductibilité et rayonnement.

4°. — Courants dérivés.

265. Une pile dont la force électromotrice est de 12 volts et la résistance totale de 4 ohms, lance un courant dans deux dérivations *mbn* et *mpn* dont les résistances sont respectivement 2 et 3 ohms. Déterminer l'intensité I du courant total et les intensités i et i' des courants divisés. — La somme des résistances des parties *am* et *cn* du circuit extérieur vaut 5 ohms, a et c étant les pôles de la pile.

266. Un générateur d'électricité donnant 1800 volts et d'une résistance intérieure de 0,93 ohm, alimente une canalisation de 6,3 ohms renfermant 300 lampes Maxim disposées en dérivation de manière à former 30 séries de 10 lampes chacune. Chaque lampe a une résistance, à chaud, de 43 ohms. Quelle sera l'intensité du courant dans chaque lampe ?

(*A. Witz.*)

267. On donne une pile P dont la force électromotrice est 2volts,5 et la résistance 10ohms. Les résistances extérieures sont

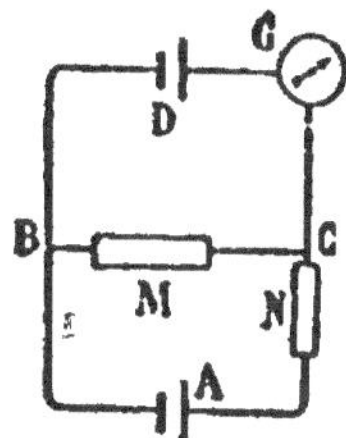

AB = 1ohm,   BDE = 3ohms,
BCE = 1ohm,   EF = 2ohms.

On demande de calculer l'intensité dans les différentes parties du circuit.

268. 20 lampes à incandescence identiques entre elles sont établies en dérivation entre deux points A et B d'un circuit. La différence de potentiel entre A et B est de 110 volts. Chaque lampe est le siège d'un courant de 500 milli-ampères. Calculer la résistance d'un conducteur unique capable, sans préjudice pour l'état électrique du reste du circuit, de remplacer ce faisceau de lampes.

269. La force électromotrice d'une pile est de 15volts. Quand les pôles de cette pile sont réunis par un certain fil de cuivre, on a un courant de 1amp,5, et la différence de potentiel entre les pôles de la pile tombe à 9volts. On demande la résistance du fil et la résistance de la pile.

Quelle serait l'intensité du courant fourni par la même pile si les pôles étaient réunis par le fil donné et, en même temps, par un second fil identique au premier ?

270. Une pile Daniell D, de force électromotrice 1,072 volt, est mise en opposition avec un accumulateur A de force électromotrice 1,876 volt. Un pont BC portant une résistance variable M est jeté entre les deux éléments et laisse du côté D un galvanomètre G, du côté A une résistance N de 1200 ohms. On règle la résistance M du pont de façon qu'aucun courant ne passe dans le galvanomètre.

On demande : 1° si la chose est possible et 2° dans ce cas, quelle est la résistance du pont.

On considérera comme négligeable la résistance de l'accumulateur.

271. Un conducteur homogène, ayant une résistance de 8 ohms, a la forme d'un cercle. Un courant de 4 ampères arrive en un point A de ce cercle et s'en va par un point B situé à 90° du premier. On demande :

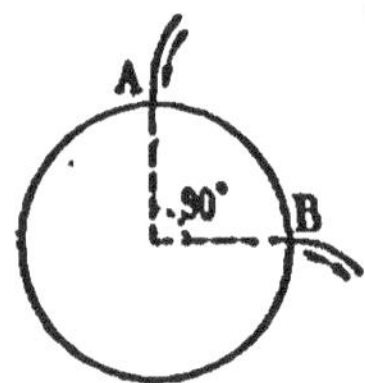

1° Les intensités des courants dans les deux arcs de cercle qui aboutissent aux points A et B;

2° Les quantités de chaleur dégagées dans ces mêmes arcs de cercle;

3° La différence de potentiel entre les points A et B.

272. Trois piles Daniell, de force électromotrice $1^v,07$, chargent un accumulateur A.

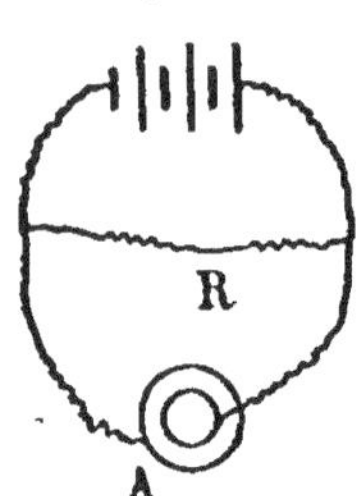

On réunit les pôles de la pile par une résistance $R = 12^{ohms},9$ telle que l'intensité du courant qui passe par l'accumulateur devient nulle. A ce moment la résistance R est parcourue par un courant I de 0,18 ampères.

Quelle est la force électromotrice de l'accumulateur et la résistance intérieure de la batterie de charge?

273. Dans le circuit figuré ci-contre se trouvent deux éléments de pile : P_1 sur AD et P_2 sur BE; les forces électromotrices de P_1 et P_2 sont e_1 et e_2; leurs résistances intérieures r_1 et r_2. Les portions AB et BC ont des résistances R_1 et R_2; la résistance du reste du circuit est négligeable.

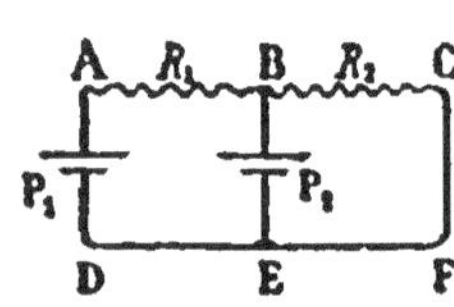

1° Peut-il se faire qu'il n'y ait pas de courant dans la branche BE? S'il en est ainsi, quelle relation y a-t-il entre les forces électromotrices et les résistances données?

2° Dans une première expérience, on a constaté que le courant est nul en BE pour $R_1 = 49$ ohms et $R_2 = 101$ ohms. Dans une seconde expérience, avec les mêmes piles, le courant est nul en BE pour les valeurs 39 ohms et 81 ohms des résistances AB et DC. Déduire de ces données la valeur numérique de la résistance intérieure r_1 de la pile P_1.

274. Aux deux extrémités d'un circuit de résistance R on installe en série deux sources P_1, P_2 de forces électromotrices E_1, E_2, ayant respectivement les résistances R_1, R_2.

On cherche à obtenir aux bornes A, B de R la différence de potentiel la plus grande possible. Pour cela, laissant la source P_1 fixe, on essaie des sources successives P_2, P_2', P_2'', ... de même force électromotrice E_2, mais ayant

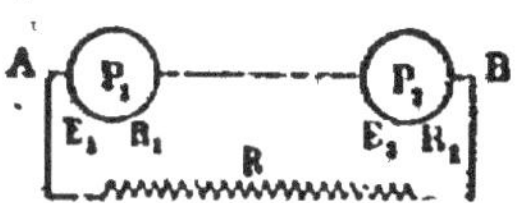

des résistances différentes :

$$\ldots R_2'' > R_2' > R_2.$$

On constate expérimentalement qu'avec certaines de ces secondes piles P_2, P_2', P_2'', ... la différence de potentiel aux bornes A, B est plus faible que lorsque P_1 est seule branchée sur le circuit. Justifier ce fait théoriquement.

Application numérique :

$E_1 = 50$ volts, $E_2 = 2$ volts, $R_1 = 5$ ohms, $R = 80$ ohms.

Trouver la valeur limite de R_2, au-dessus de laquelle ce fait se produit.

275. Une pile, dont la force électromotrice est 1volt,6 et la résistance intérieure 2ohms, est fermée par un fil cylindrique homogène PAMN dont la résistance est de 1ohm. On joint l'un des pôles P au milieu M du circuit extérieur par un fil PM

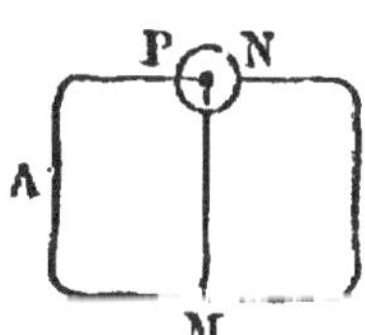

dont la résistance est de $\frac{1}{4}$ d'ohm. On demande l'intensité du courant qui traverse PM.

276. 1° On forme une pile de 30 éléments associés en 2 séries de 15. En réunissant les pôles de cette pile par un fil de cuivre de 87m,75 de longueur et de 0,5 millimètre carré de section, on obtient un courant dont l'intensité est de 5 ampères.

2° On forme une deuxième pile avec les mêmes éléments associés en 3 séries de 10. On en réunit les pôles par le même fil de cuivre que précédemment; mais on joint les extrémités A et B d'une portion AB, constituant le tiers de ce fil interpolaire, par un second fil ayant une résistance de 2 ohms. L'intensité du courant principal (celui qui circule dans la pile et dans les parties du fil interpolaire non dérivées) tombe ainsi à 4,5 ampères.

Calculer, d'après ces données :

a) La force électromotrice et la résistance d'un élément ;

b) Le rapport des quantités de chaleur dégagées dans le même temps dans les deux fils, compris entre A et B, et qui forment la dérivation (2ᵉ pile).

On sait que la résistance d'un fil de cuivre de 58ᵐ,50 de longueur et de 1ᵐᵐ² de section est égale à 1 ohm.

5°. — Galvanomètres. — Shunt.

277. Sur le circuit d'une pile est intercalé un galvanomètre dont la résistance est 10ohms. On shunte ce galvanomètre par une résistance de 2ohms. On demande quelle doit être la résistance qu'il faut introduire dans le circuit principal pour que le courant y garde la même valeur que lorsque le galvanomètre était seul interposé.

278. On a un galvanomètre à aimant mobile dont le cadre fixe a une résistance de 5,7 ohms et qui porte une graduation de 0 à 50 milliampères. On réunit ses deux bornes par un fil de maillechort de résistance de 0,3 ohm.

Quelle sera alors la fraction du courant à mesurer qui passera dans le galvanomètre, et comment par suite se trouve modifiée sa graduation ? Quelle est d'autre part la longueur du fil de maillechort employé, sachant que sa section est de 1 millimètre carré et sa résistivité de 30 microhms-centimètre ?

279. Un galvanomètre shunté, dont le shunt a une résistance de 4 000 microhms, accuse une déviation correspondant à la totalité de la course de son aiguille quand il se trouve inséré dans un circuit portant un courant de 10 ampères.

Ce même galvanomètre, muni cette fois d'un shunt de 1333,3 microhms, donne encore la même déviation quand il se trouve inséré dans un circuit portant un courant de 30 ampères.

Calculer, d'après ces données, la résistance du galvanomètre.

280. Un fil de dérivation, qui renferme un galvanomètre et un élémen t Daniell, réunit deux points du circuit d'un élément Bunsen qu'il partage en deux parties A et B. L'aiguille du galvanomètre est au zéro de la graduation. On introduit dans la partie A du circuit principal, qui contient l'élément Bunsen, une résistance de 0,026 ohms. L'aiguille est déviée. Quelle résistance faudra-t-il introduire dans la partie B pour que l'aiguille revienne au zéro ?

Force électromotrice de l'élément Bunsen : 1,96 volts.

Force électromotrice de l'élément Daniell : 1,10 volts.

281. Un galvanomètre dont la résistance est égale à 900 ohms est parcouru par un courant d'intensité I ; on réunit les bornes du galvanomètre par une résistance (dite shunt), et l'intensité du courant dans le galvanomètre est dix fois plus petite, égale à $\frac{1}{10}$ I.

Trouver la valeur de la résistance du shunt.

282. On a réglé par tâtonnements la très grande résistance d'un galvanomètre pour qu'il donne une déviation de 14 divisions quand on fixe les deux bouts a et b de son fil aux pôles d'un couple étalon de 1volt,4.

1° Dans ces conditions, la résistance du couple étant négligeable et les petites déviations étant proportionnelles aux intensités, démontrer que le galvanomètre est devenu un voltmètre.

2° Quelle déviation donnera ce galvanomètre si on l'attelle sur deux couples pareils au premier mis en série, et, d'autre part, quelle sera la force électromotrice d'un couple donnant une déviation de 18 divisions ?

3° Si on fixe les deux bouts a et b du fil du galvanomètre aux extrémités A et B d'une règle métallique de $\frac{1}{10}$ d'ohm de résistance, intercalée sur un courant inconnu, et si on lit une déviation de 21 divisions, quelle sera l'intensité de ce courant ?

283. Un courant traverse un galvanomètre et un voltamètre ; il produit une déviation de 2°,35 et décompose 0g,003 d'e u par seconde. Quelle quantité décomposera par seconde un courant qui produit une déviation de 4°,7 dans le galvanomètre ?

§ III. — APPLICATIONS DE L'ÉLECTRICITÉ

1o. — Éclairage.

284. On veut éclairer une maison avec 100 lampes à incandescence, absorbant chacune 0,3 d'ampère, placées en dérivation aux bornes d'une dynamo à 110 volts. Cette dynamo est mise en mouvement au moyen d'un moteur hydraulique dont le rendement mécanique est de 75 %. La puissance disponible aux bornes de la dynamo est 90 % de la puissance du moteur hydraulique.

On demande quel doit être le débit du cours d'eau qui fait fonctionner le moteur hydraulique, sachant que la hauteur de chute est 10^m.

Un cheval-vapeur équivaut à 736 watts.

285. La force électromotrice d'une dynamo est de 110 volts, sa résistance intérieure est $0^{ohm},1$. Elle alimente des lampes à incandescence placées en dérivation aux bornes de la dynamo. La résistance de chacune des lampes, à chaud, est de 120^{ohms} :

1o Quel est le nombre de lampes que peut alimenter la dynamo, sachant que le courant est de $0^{ampère},5$ dans chacune d'elles ?

2o Combien faudrait-il employer d'accumulateurs en série pour alimenter le même nombre de lampes ? La force électromotrice d'un accumulateur est 2 volts et sa résistance est $0^{ohm},1$.

286. Entre deux conducteurs A, B supposés sans résistance sont

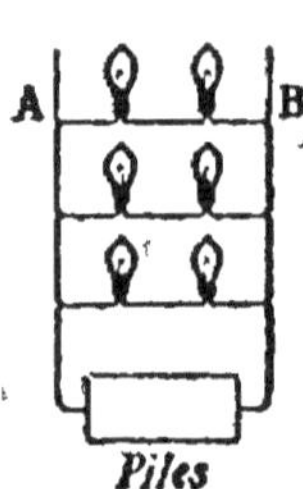

disposés, comme l'indique la figure, 3 groupes de 2 lampes à incandescence dont la résistance individuelle est de $1^{ohm},5$. Ces conducteurs sont reliés aux deux pôles d'une batterie de 4 éléments de pile dont la force électromotrice et la résistance individuelles sont respectivement $1^{volt},8$ et $0^{ohm},5$. Parmi les 3 arrangements rationnels de ces 4 éléments, en existe-t-il qui détermineront un courant plus intense ? Quelle sera alors la quantité de chaleur rayonnée par seconde dans chaque lampe ?

2°. — Électrolyse. — Lois de Faraday.

287. Une dissolution de nitrate d'argent contient deux électrodes en argent. On y fait passer un courant pendant 1 heure, au moyen d'une pile ayant une force électromotrice de 4 volts; la résistance totale du circuit est 5 ohms.

On demande combien de grammes d'argent ont été déposés à la cathode, sachant que la masse atomique de l'argent est 107,7 et qu'il faut 96 600 coulombs pour mettre en liberté un gramme d'hydrogène, de masse atomique 1.

288. Le courant de trois accumulateurs accouplés en tension traverse un voltamètre à eau acidulée. On demande au bout de combien de temps il se sera dégagé dans ce voltamètre un gramme de gaz tonnant ($H^2 + O$). La résistance totale du circuit égale 7 ohms. La force électromotrice de chaque accumulateur égale 2 volts. La force électromotrice de polarisation du voltamètre égale

2volts,4. Un courant de 1 ampère libère $\dfrac{371}{10\,000}$ de g. d'hydrogène

par heure.

289. On oppose deux éléments de pile, l'un au bichromate dont la force électromotrice $E_1 = 2$ volts; la résistance intérieure $\rho_1 = 0$ohm,5; l'autre est un Daniell de force électromotrice $E_2 = 1$volt,08, de résistance intérieure $\rho_2' = 4$ ohms; les fils de jonction ont des résistances $r_1 = 3$ ohms, $r_2 = 10$ ohms. On demande quelle est l'intensité du courant.

Quel serait le poids de cuivre déposé par ce courant traversant pendant une minute un voltamètre à sulfate de cuivre, sachant que par seconde un courant de 1 ampère dépose 1mg,118 d'argent dans un voltamètre à nitrate d'argent; les équivalents électrochimiques du cuivre et de l'argent sont respectivement 32 et 108.

290. On veut développer une puissance d'un cheval au moyen d'une pile Bunsen. Calculer l'intensité du courant que doit fournir l'élément. Combien userait-on de grammes de zinc en maintenant ce régime pendant douze heures ? On sait que la force électromotrice de cette pile Bunsen est de 1volt,8. Équivalent chimique du zinc : 33.

291. Une pile est reliée, par deux conducteurs de résistance nulle, à deux électrodes de cuivre plongées dans une solution de sulfate de cuivre ; la résistance intérieure de cet électrolyte est R ohms. Sachant que le courant dépose P grammes de cuivre en une heure, on demande :

1° La différence de potentiel aux deux bornes de la pile ;

2° La force électromotrice de la pile, dont la résistance intérieure est égale à r ohms. On sait d'ailleurs qu'un coulomb dépose 329 millièmes de milligramme de cuivre.

Application au cas où l'on a : $R = 7,5$; $r = 2,5$; $P = 2369$.

292. Deux piles Daniell identiques sont réunies par leur pôle de même nom et le circuit est fermé sur trois volta-mètres contenant :

V_1, une solution d'azotate d'argent AzO^3Ag,

V_2, une solution de chlorure ferrique $FeCl^3$,

V_3, de l'eau acidulée.

Le courant étant interrompu au bout d'un certain temps, on constate qu'il s'est déposé $3^g,6$ d'argent sur l'électrode négative de V_1.

On demande :

1° Le poids de fer déposé sur l'électrode négative de V_2 ;

2° Le volume d'oxygène recueilli au pôle positif de V_3, mesuré à $27°,3$ et sous une pression de 76^{cm} ;

3° Le poids de zinc dissous dans chaque élément.

On prendra pour valeur des poids atomiques :

   $C = 16$; $H = 1$; $Ag = 108$; $Zn = 66,4$; $Fe = 56$.

Volume de 1^g d'hydrogène (conditions normales) : $11^l,15$.

$$\alpha = \frac{1}{273} \cdot$$

293. On dispose, pour produire un courant dans un appareil dont la résistance est de 5^{ohms}, de 6 éléments de pile Leclanché ayant chacun $1^{volt},48$ de force électromotrice et $1^{ohm},5$ de résistance intérieure. On peut grouper ces 6 éléments, soit en tension, soit en quantité, soit en couplant en quantité 2 séries de 3 éléments, ou 3 séries de 2 éléments. Quel est, dans chacun de ces modes de groupement, le courant qui passe dans l'appareil extérieur ?

Quel est, en outre, dans chacun de ces divers cas, le poids de zinc attaqué dans chacun des éléments de pile au bout de 5 minutes de fonctionnement ?

On sait qu'un ampère dépose par seconde $1^{mg},118$ d'argent dans un voltamètre à sel d'argent, et d'autre part que l'équivalent électrolytique du zinc est 33, celui de l'argent étant 108.

294. Vingt éléments de pile, disposés en série, fournissent dans un circuit de 5^{ohms} de résistance, non compris celle des piles, un courant qui dégage en une heure dans un voltamètre à eau acidulée $7^{gr},452$ d'hydrogène.

Les mêmes éléments, arrangés en deux séries parallèles de 10 éléments chacune, dont les pôles extrêmes de même nom sont réunis au circuit extérieur de 5^{ohms}, donnent dans le même temps la même quantité d'hydrogène. — On demande la résistance et la force électromotrice de chaque élément.

On rappelle qu'il faut 96 600 coulombs pour libérer un gramme d'hydrogène.

295. On dispose en série : 1° deux éléments d'accumulateurs chargés A ; 2° un voltamètre B à fils de platine contenant de l'eau

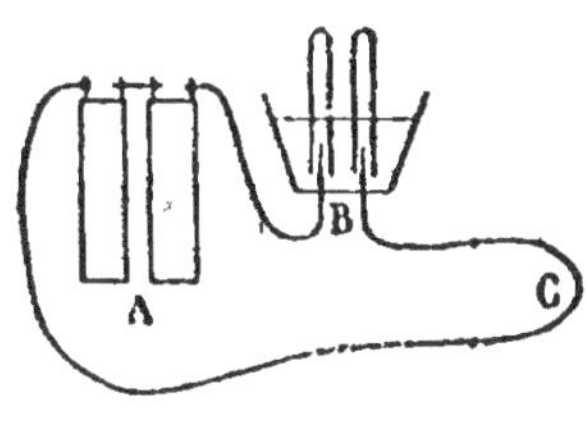

acidulée d'acide sulfurique et une résistance C formée d'un fil métallique inoxydable et peu fusible de longueur 10 mètres et de section $\frac{1}{10}$ de millimètre carré (1 mètre de ce fil de 1 millimètre carré de section a une résistance de $\frac{1}{10}$ d'ohm).

1° Quelle est la résistance de ce fil évaluée en ohm ?

2° Quelles sont les réactions qui se produisent dans le voltamètre?

3° La quantité d'hydrogène dégagée toutes les minutes dans le voltamètre étant de $6^{cm3},6$, quelle est la quantité de chaleur dégagée par seconde dans la résistance C?

(On sait que le passage de 1 coulomb dans le voltamètre libère environ $0^{cm3},117$ d'hydrogène.)

296. Quelle est en watts et en chevaux-vapeur la puissance nécessaire pour décomposer par l'électrolyse 1^{gr} d'eau par seconde, sachant que la différence de potentiel aux électrodes est égale à 120 volts ?

On sait que le passage de 1 coulomb libère $\frac{18}{96\,600}$ d'hydrogène.

297. On dispose de 10 éléments Bunsen dont on veut diriger le courant dans un voltamètre à eau. On les associe d'abord en série et on arrête l'expérience quand on a recueilli 1 litre d'hydrogène mesuré à 0° et à 760mm. Puis on forme avec ces 10 éléments 5 batteries, composées chacune de 2 éléments, que l'on associe en série, et on arrête l'expérience quand on a encore recueilli 1 litre d'hydrogène mesuré à 0° et à 760mm. On demande le poids de zinc dissous dans la pile dans le premier et dans le second cas. — Densité de l'hydrogène : $\frac{1}{14,44}$; équivalents électrolytiques de l'hydrogène : 1, du zinc : 33 ; poids normal du litre d'air : 1g,3.

298. On dispose en série dans un même circuit 10 éléments de pile Daniell (Cu, SO⁴Cu, SO⁴Zn, Zn), mais par erreur il y en a 3 qui sont placés en sens inverse des autres. La force électromotrice de chacun est 1volt,07, la résistance intérieure de chacun est 1ohm,5. Calculer la résistance qu'il faut donner au circuit extérieur pour que l'intensité soit 0amp,10. Décrire les réactions qui se produisent dans les différents éléments.

299. Un courant donne au voltamètre 120cm³ d'hydrogène par minute, à la température de 20° et sous la pression de 750mm. La tension de la vapeur d'eau acidulée est 17mm à cette température : calculer l'intensité du courant.

On sait qu'un courant dont l'intensité est 1 ampère met en liberté 117mm³ d'hydrogène en une seconde, à 0° et sous la pression de 760mm.

Le coefficient de dilatation des gaz est $\frac{1}{273}$.

300. Dans un circuit parcouru par un courant électrique sont placés, à la suite les uns des autres, un voltamètre à azotate d'argent, un voltamètre à sulfate de cuivre et un voltamètre à eau acidulée de densité 1,1. Au bout de 35min 10sec, le volume d'hydrogène recueilli dans le dernier voltamètre est de 25cm³,8, la température étant de 13°,5, la pression atmosphérique étant de 762mm, et la hauteur de l'eau acidulée dans l'éprouvette étant de 75^{mm}. On sait d'ailleurs que la tension de la vapeur d'eau, au-dessus du liquide acidulé, est de 11^{mm},5. — On demande :

1° Quelle est, en ampères, l'intensité du courant, sachant que 1 coulomb dégage 0^{cm3},117 d'hydrogène à 0° et 760^{mm} ;

2° Comment on pourra vérifier le résultat au moyen des deux autres voltamètres, sachant que les équivalents électrolytiques de l'argent et du cuivre sont respectivement 108 et 31,5.

301. Un courant électrique se divise de façon à traverser un ampèremètre A dont la résistance est 2,2 ohms et un conducteur

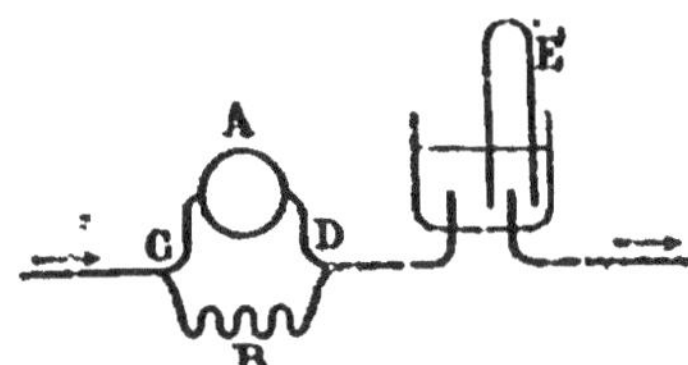

B dont la résistance est 0,4 ohms. Le courant traverse ensuite un voltamètre à eau acidulée. L'ampèremètre indique une intensité

$i = 0,2$ ampère.

1° Quelle est l'intensité du courant qui traverse le conducteur B ?

2° Quand le courant a passé pendant 16 minutes 6 secondes, le niveau de l'eau acidulée est le même à l'intérieur et à l'extérieur de l'éprouvette E dans laquelle on recueille l'hydrogène. Quel est alors le volume occupé par cet hydrogène ?

Données : il faut 96 600 coulombs pour mettre en liberté 1 gramme d'hydrogène. La hauteur barométrique est 75^{cm} ; la température 27°,3. La force élastique maximum de la vapeur d'eau à cette température est mesurée par 3^{cm} de mercure.

Poids du litre d'air à 0° et sous la pression normale : 1^{g},3.

Densité de l'hydrogène par rapport à l'air : $\dfrac{1}{14,4}$.

Coefficient de dilatation des gaz : $\dfrac{1}{273}$.

302. Un courant traverse un voltamètre à eau acidulée, et les gaz dégagés sont recueillis dans un tube unique dont la section est s^{cm2}, la hauteur l^{cm}. Au bout d'une minute, le mélange gazeux occupe dans le tube une hauteur h^{cm}. La température est $t°$; la pression atmosphérique H^{cm} ; la densité de l'eau acidulée d, celle du mercure D ; la tension maximum de la vapeur d'eau à $t°$ est F. On demande :

1° Quel serait le volume du mélange gazeux supposé sec et mesuré à 0° et 76^{cm} ;

2° Quelle est, en ampères, l'intensité du courant.

Application numérique : $l = 40^{cm}$; $h = 20^{cm}$; $s = 2^{mm}$; $H = 75^{cm}$; $t = 20°$; $F_{20} = 17^{mm},4$, $d = 1,2$; $D = 13,6$; $\alpha = \dfrac{1}{273}$.

303. Étant donné un petit aérostat dont l'enveloppe pèse 45 grammes, on veut le gonfler avec de l'hydrogène préparé par électrolyse, et lui donner une force ascensionnelle de 5 grammes.

Le courant dont on dispose passe dans un voltamètre à électrodes d'argent, contenant une solution d'azotate d'argent, où il dépose sur l'électrode négative $0^g,011\ 18$ d'argent par seconde. Il présente ensuite une bifurcation, dont l'une des branches comprend un voltamètre contenant de l'eau acidulée par l'acide sulfurique ; l'autre, un voltamètre contenant une solution de sulfate de sodium ; c'est l'hydrogène recueilli dans ces deux voltamètres qui est envoyé dans l'aérostat, après avoir été desséché. — On demande :

1° Pendant combien de temps on devra faire passer le courant ;

2° Quel sera le volume de l'aérostat, à la fin de l'expérience. On négligera la poussée éprouvée par l'enveloppe. — L'air est supposé sec ; sa température est 27°,3 ; sa pression est mesurée par une colonne de mercure de 75 centimètres.

La densité de l'hydrogène est 0,069 5 ; le coefficient de dilatation des gaz est $\dfrac{1}{273}$; le poids du litre d'air à 0° et 76^{cm} est $1^g,293$. — Le poids atomique de l'argent et son équivalent électrochimique sont représentés par le nombre 108.

304. Un circuit électrique comprend : 1° une résistance R ; 2° une pile A de n éléments Daniell, de force électromotrice E et de résistance intérieure r ; 3° une seconde pile A', en opposition avec la première, composée de n' éléments semblables à ceux de celle-ci et dont les pôles sont reliés par une résistance R'. Quelle est, après un temps t, la variation du poids total des diverses lames de cuivre formant les pôles positifs des piles ?

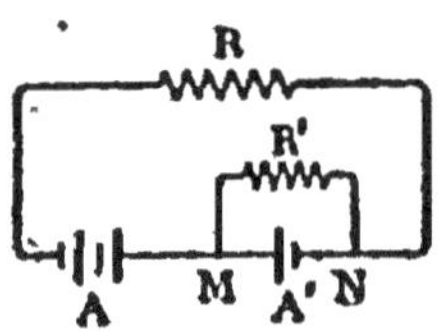

Application : $n = 20$; $n' = 10$; $E = 1^v,1$; $r = 1$ ohm; $R = 30$ ohm; $R' = 60$ ohm; $t = 100^{sec}$. — Poids atomique du cuivre : 63.

II. — CHIMIE

§1. — THÉORIE ATOMIQUE. — NOMENCLATURE [1]

305. Trouver la composition centésimale des corps suivants :
L'eau (H^2O), l'acide chlorhydrique (HCl), l'acide sulfurique (SO^4H^2).
(Poids atomiques : H = 1 ; O = 16 ; Cl = 35,5 ; S = 32).

306. Combien de fer renferment 100^{kg} de sesquioxyde de fer (Fe^2O^3) ou de sulfure de fer (FeS) ?
(Poids atomiques : Fe = 56 ; O = 16 ; S = 32).

307. Quel volume occupent 25^s, 60^s, un kilogramme d'oxygène ?
(Densité de l'oxygène : 1,105 ; poids d'un litre d'air : $1^s,293$).

308. Trouver la densité de la vapeur d'eau, sachant que deux volumes d'hydrogène se combinant avec 1 volume d'oxygène donnent deux volumes de vapeur d'eau.
(Densité de l'hydrogène : 0,069 ; de l'oxygène : 1,105.)

309. Déterminer le poids moléculaire de chacun des éléments suivants, connaissant leurs densités à l'état de gaz ou de vapeur :

Oxygène,	$d = 1,1052$;	Brome,	$d = 5,57$;
Chlore,	$d = 2,491$;	Phosphore,	$d = 4,4$;
Azote,	$d = 0,967$;	Arsenic,	$d = 10,6$.

310. Déterminer le poids moléculaire de chacun des composés suivants, connaissant leurs densités à l'état de gaz ou de vapeur :

Ammoniac,	0,597 ;	Acétylène,	0,9056 ;
Oxyde azoteux,	1,52 ;	Phosphure d'hydrogène,	1,184 ;
Oxyde de carbone,	0,967 ;	Hydrogène sulfuré,	1,179.

---

(1) Lorsque les poids atomiques ne seront pas donnés dans l'énoncé on se reportera aux valeurs approchées du tableau de la **page 5**.

311. Le poids atomique de l'hydrogène étant 1, les poids atomiques des corps simples suivants ont pour valeurs (Commission internationale de 1904) :

$$O = 15,88 ; \qquad Az = 13,93 ;$$
$$Cl = 35,18 ; \qquad Fl = 18,9 ;$$

Tous ces corps étant diatomiques, trouver la densité théorique et le poids du litre de chacun d'eux à la température et à la pression normales.

312. Quel est le poids moléculaire et quelle est la densité de vapeur de chacune des substances suivantes : eau (H^2O), ammoniac (AzH^3), oxyde de carbone (CO), acétylène (C^2H^2) ?

On prendra pour valeurs des poids atomiques les valeurs approchées indiquées dans le tableau de la page 5.

313. On appelle *volume-gramme* le volume occupé par 1g d'un corps à l'état de gaz ou de vapeur, à la pression et à la température normales.

Trouver le volume-gramme des corps dont la molécule est représentée par les symboles H^2, O^2, Az^2, Az^2O, H^2S.

314. On sait que le charbon traité à chaud par l'acide sulfurique SO^4H^2 donne du gaz sulfureux SO^2, du gaz carbonique CO^2 et de l'eau H^2O. Établir la formule de la réaction.

315. En faisant agir l'acide azotique AzO^3H sur l'argent on obtient de l'azotate d'argent AzO^3Ag, de l'oxyde azotique AzO et de l'eau H^2O. Établir l'équation de la réaction.

Le cuivre en présence du même acide donne les mêmes produits mais l'azotate de cuivre a pour formule $(AzO^3)^2 Cu$; établir l'équation de la réaction.

§ II. — COMBINAISONS ET DÉCOMPOSITIONS.
ÉQUATIONS DE RÉACTIONS

1°. — O. — H. — H²O.

316. Quelle masse d'oxyde de mercure HgO faut-il décomposer par la chaleur pour obtenir 100 litres d'oxygène mesurés à la pression 76^{cm} et à la température $0°$?

317. Après avoir décomposé du chlorate de potassium par la chaleur, il reste dans la cornue 7ᵍ5 de chlorure de potassium. Quelle masse d'oxygène a-t-on recueillie ?

318. Un cylindre d'acier dont la capacité est de 8 litres est rempli d'oxygène comprimé. La force élastique du gaz est de 30 atmosphères et sa température 0°. On demande le poids de chlorate de potassium employé pour préparer cette masse de gaz.

Poids atomiques : $O = 16$; $Cl = 35,5$; $K = 39$.

319. On fait brûler du charbon dans un flacon renfermant 2 litres d'oxygène. Quel est le poids d'anhydride carbonique CO^2 formé ? Quel est son volume ?

On verse ensuite de l'eau de chaux dans le flacon. Quel est le poids de carbonate de calcium CO^2Ca ainsi formé ?

$$O = 16 ; C = 12 ; Ca = 40.$$

320. En supposant la densité d'une eau oxygénée égale à 1,4, calculer le volume d'oxygène à 0° et sous la pression 760ᵐᵐ que produirait la décomposition de 1ᶜᵐ³ de cette eau.

321. Après avoir évaporé l'eau d'un flacon ayant servi à la préparation de l'hydrogène, on a recueilli 4ᵍ5 de sulfate de zinc cristallisé $SO^4Zn + 7H^2O$. Quel volume d'hydrogène à 0° et à la pression 76ᶜᵐ est sorti de ce flacon ?

$$H = 1 ; O = 16 ; S = 32 ; Zn = 65.$$

322. On veut gonfler un ballon de 1500ᵐ³ avec de l'hydrogène. Quel poids d'acide sulfurique et quel poids de zinc faut-il employer?

323. Quels volumes d'oxygène et d'hydrogène mesurés à 15° et à la pression 750ᵐᵐ de mercure obtient-on en décomposant la molécule-gramme d'eau par la pile ?

324. On a produit de l'hydrogène au moyen de zinc pur, et on s'en est servi pour réduire à l'état métallique 1 gramme de bioxyde de cuivre CuO. On demande : 1° combien il faut de litres d'hydrogène pour opérer cette réduction, ce gaz étant recueilli sur l'eau à la pression 765ᵐᵐ et à la température de 20°; 2° combien de grammes de zinc auront été transformés en sulfate de zinc.

Tension maximum de la vapeur d'eau à 20° : $F = 17ᵐᵐ,4$.

325. A quel poids se réduit un litre d'eau pesant $1^{kg},02$ quand on en a chassé l'air qu'il contient ? On admet que cet air représente à la pression et à la température normales $\frac{1}{25}$ du volume d'eau et que 100^{cm3} d'air dissous renferment 33^{cm3} d'oxygène et $0^{cm3},05$ de gaz carbonique CO^2 ; le reste est de l'azote. On cherchera les densités de ces gaz par l'intermédiaire de leurs poids moléculaires.

$$H = 1 ; \quad O = 16 ; \quad C = 12 ; \quad Az = 14.$$

326. Une eau de puits tient en dissolution $2^g,45$ de sulfate de calcium SO^4Ca par hectolitre d'eau. On se propose de rendre cette eau apte au blanchissage en précipitant ce sulfate par le carbonate de sodium CO^3Na^2, d'après l'équation

$$SO^4Ca + CO^3Na^2 = CO^3Ca + SO^4Na^2.$$

Quelle masse de carbonate cristallisé $CO^3Na^2 + 10H^2O$ faut-il employer pour obtenir cette transformation ?

$$O = 16 ; \quad S = 32 ; \quad C = 12 ; \quad Na = 23 ; \quad Ca = 40.$$

327. On veut remplir d'hydrogène saturé d'humidité un aérostat sphérique de 10 mètres de diamètre. Quel est le poids du fer que l'on doit faire réagir au rouge sur la vapeur d'eau pour obtenir l'hydrogène nécessaire. — Température de l'expérience : 20° ; tension maximum de la vapeur d'eau à 20° : 17^{mm} ; poids atomique du fer : 56.

328. Une cloche de verre, pesant 20^g quand elle est vide est placée au-dessus des fils de platine d'un voltamètre. On

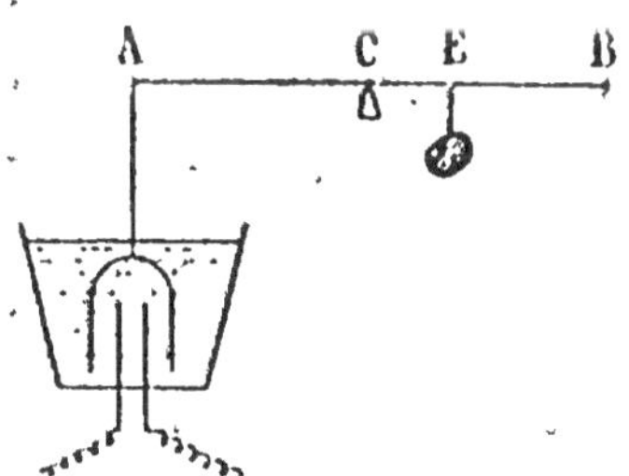

l'attache à l'extrémité A du fléau d'une balance. L'eau du voltamètre recouvre entièrement la cloche, qui repose sur le fond du vase. En E, à une distance du point de suspension telle que $CE = \dfrac{AC}{2}$, est une boule de 16^g pouvant glisser sans frottement sensible le long de CB quand le fléau cesse d'être horizontal. Quelle est la quantité d'eau à décomposer pour que la cloche se soulève et que la boule E glisse le long de CB ? — Densité de l'eau acidulée : 1 ; masse spécifique de l'air : $\frac{1}{774}$; densité du verre : 2,5; densité de l'oxygène : 1,1, de l'hydrogène : 0,069 5.

329. Le tube barométrique d'une cuvette profonde a 10^{cm2} de section. Il renferme de l'oxygène sec en quantité telle que, lorsque les niveaux du mercure à l'intérieur et à l'extérieur sont sur le même plan, une longueur x centimètres du tube émerge. On y fait passer 500^{cm3} d'hydrogène sec mesuré à 0° et à la pression de 76 centimètres de mercure. On fait détoner le mélange et on constate, le tube restant fixe, que le niveau s'est élevé de 10 centimètres. On demande quel volume d'oxygène se trouvait dans l'appareil. L'expérience est faite à 0° et à la pression de 76 centimètres de mercure. On négligera la tension de la vapeur d'eau et la dénivellation du mercure dans la cuvette.

2°. — Cl. — Br. — I.

330. Quel poids de minerai de manganèse contenant 60 % de bioxyde MnO^2 et quel poids d'acide chlorhydrique en solution, contenant 22 % en poids d'acide HCl, faut-il employer pour obtenir 10 litres de chlore à 0° et à la pression de 76^{cm} ?

331. Quel poids de minerai de manganèse contenant 60 % de bioxyde MnO^2 faut-il employer pour libérer complètement le chlore contenu dans 100^g de sel marin $NaCl$?

332. Combien faut-il employer de litres de chlore mesurés à la pression et à la température normales pour transformer 1^g de phosphore en pentachlorure de phosphore PCl^5 ?

333. Étant donnés 25^g de chlorure mercureux Hg^2Cl^2, combien faut-il de litres de chlore à 15° et sous la pression 756^{mm} pour le convertir en chlorure mercurique $HgCl^2$?

334. A un litre de chlore gazeux et sec, à la pression et à la température normales, on ajoute une solution concentrée de potasse; il se forme du chlorure de potassium et du chlorate de potassium. Écrire la réaction et dire le poids de chlore qui entre dans chacun de ces composés.

Densité du chlore : 2,44.

335. Un mélange de chlorure de potassium et de chlorure de sodium pesant 45^g,43 est chauffé avec un excès d'acide sulfurique, et le gaz qui se dégage est totalement condensé dans l'eau. La solution aqueuse est ensuite versée sur un excès de zinc et on recueille dans cette expérience 7^{dm3},805 de gaz à 0° et 760^{mm}.

1° Formuler les réactions successives.

2° Calculer le poids de chacun des chlorures alcalins.

3° Donner le volume à 0° et 760^{mm} du premier gaz dégagé.

$$H = 1 ; \quad Cl = 35,5 ; \quad K = 39 ; \quad Na = 23.$$

Densité de l'hydrogène : 0,0694. Poids du litre d'air : 1^g,293.

336. Pour préparer du chlore on a employé 43 grammes 1/2 de bioxyde de manganèse. Le chlore est mesuré sec à la température de 20° et sous la pression de 72^{cm} de mercure. Quel est son volume ?

$$Mn = 55 ; \quad O = 16 ; \quad Cl = 35,5.$$

Densité du chlore : 2,45.

(Éc. d'Arts et Métiers de Reims, 1905.)

337. Quel est le poids de minerai de manganèse contenant 64 % de bioxyde MnO^2, nécessaire pour retirer l'iode de 100^g d'iodure de potassium : 1° en traitant directement l'iodure par l'acide sulfurique et le bioxyde de manganèse ; 2° en préparant d'abord du chlore par le procédé de Berthollet et en faisant passer ce chlore dans une solution contenant les 100^g d'iodure ?

338. Dans une dissolution d'iodure de potassium contenant 8^g,3 de ce sel, on fait arriver le produit gazeux provenant de l'action de l'acide chlorhydrique en excès sur 2^g,18 de bioxyde de manganèse. Quelle est la composition qualitative et quantitative de la masse résultant de cette opération ?

$$3° - S. - H^2S. - SO^4H^2. - SO^2.$$

339. On veut désinfecter une salle de 6^m de long, sur 5^m de large, et 3^m,50 de haut, en y faisant brûler du soufre. Quel poids de ce corps devra-t-on employer si l'on admet que la désinfection est parfaite lorsque le mélange de gaz restant renferme 15 % de son poids d'anhydride sulfureux ?

On supposera la chambre hermétiquement close et le poids du litre de l'air contenu égal à 1^g,3.

340. On sature une solution de soude caustique contenant 50^g de soude NaOH, à l'aide d'un courant de gaz sulfureux SO^2. Quel est le poids de bisulfite de sodium SO^3HNa ainsi formé ?

A la nouvelle solution de bisulfite, on ajoute 50^g de soude NaOH. On demande le poids de sulfite neutre résultant de cette opération.

Enfin, on veut transformer ce sulfite SO^3Na^2 en hyposulfite $S^2O^3Na^2$. Quel poids de fleur de soufre faudra-t-il ajouter a la dissolution de sulfite pour opérer cette transformation par l'ébullition du mélange ?

341. Quelle quantité de bioxyde de manganèse faut-il employer pour préparer le chlore nécessaire à la décomposition de l'acide sulfhydrique préparé avec 150^g de sulfure de fer ?

$$H = 1; \quad O = 16; \quad Cl = 35,5; \quad S = 32; \quad Mn = 55; \quad Fe = 56.$$
(Inst. cath. d'Arts et Métiers de Lille, 1911).

342. Quel volume d'air, mesuré à $0°$ et sous la pression 760^{mm}, contient la quantité d'oxygène nécessaire à la combustion complète de 100^g de pyrite de fer FeS^2, sachant que le fer est transformé en oxyde ferrique Fe^2O^3 et le soufre en anhydride sulfureux SO^2 ? Quel est le poids de gaz sulfureux résultant de cette combustion ?

343. Quelles masses de soufre et de limaille de fer faut-il combiner sous l'action de la chaleur pour obtenir le sulfure FeS nécessaire à la préparation de 10 litres d'acide sulfhydrique ?

344. Le gaz sulfureux et le sulfure d'hydrogène se décomposent mutuellement en présence de l'eau. Combien de chacun de ces deux gaz se serait-il neutralisé dans une réaction qui aurait produit $0^g,32$ de soufre ? Dire le résultat en poids, puis en volumes, ceux-ci étant mesurés à la température $0°$ et à la pression 760^{mm}.

345. Quel volume d'acide sulfhydrique, mesuré à $0°$ et à la pression 760^{mm}, faut-il employer pour précipiter 10^g d'acétate de plomb cristallisé $(C^2H^3O^2)^2Pb$, a l'état de sulfure PbS ?

346. Selon Marignac, l'acide sulfurique du commerce à $66°$ Baumé contient $\dfrac{1}{12}$ de son poids d'eau. On demande quel poids d'anhydride SO^3 il faudra ajouter à 1 litre d'acide dont la densité est 1,84 pour obtenir l'acide répondant à la formule SO^4H^2.

347. On traite 100^g de cuivre par l'acide sulfurique à chaud. Le gaz recueilli sur le mercure a été desséché. Quel volume de ce gaz aura-t-on, sachant qu'il a été recueilli à 100° sous la pression 750^{mm} de mercure ?

Densité de SO^2 : 2,25.

Poids atomiques : $Cu = 63$; $O = 16$; $S = 32$; $H = 1$.

(Éc. d'Arts et Métiers de Reims, 1906.)

348. Que se passe-t-il quand on fait agir de l'acide sulfurique dilué sur du sulfure de fer FeS ? Calculer le volume du gaz qu'on obtient ainsi avec 100^g de sulfure de fer, sachant que les poids atomiques du soufre, de l'oxygène, de l'hydrogène et du fer sont respectivement 32, 16, 1, 56 et que la densité du gaz obtenu est 1,19.

(Éc. d'Arts et Métiers, 1907.)

349. Combien un kilog de ClO^3K donne-t-il de kilogs d'oxygène normal ? Combien de temps faudra-t-il à un courant de 40 ampères pour produire cet oxygène par électrolyse de l'eau, sachant qu'un coulomb libère $\dfrac{1}{96\,600}$ de l'équivalent électrochimique ? Cet oxygène brûle complètement du soufre. Le gaz recueilli est à 300° et sous pression de 2 kilogs. Quel volume occupe-t-il ?

$$Cl = 35,5 ; \qquad \text{Densité de } O : 1,1056 ;$$
$$K = 39 ; \qquad\qquad -\qquad SO^2 : 2,23 ;$$
$$O = 16 ; \qquad\qquad -\qquad Hg : 13,60.$$
$$S = 32.$$

(Éc. d'Arts et Métiers de Reims, 1910.)

4°. — Az. — P. — AzH^3. — AzO^3H. — Air.

350. On veut préparer l'azote par l'action de la chaleur sur l'azotite d'ammonium AzO^2AzH^4. Au lieu d'employer directement ce dernier sel, on chauffe un mélange d'azotite de sodium et de chlorure d'ammonium. Combien faudra-t-il prendre de grammes de chacun de ces deux sels pour obtenir 10 litres d'azote ?

351. Quel est le volume d'oxygène qu'il faudrait ajouter à 100^l d'air à $0°$ et à la pression 760^{mm} pour que le rapport des poids de l'azote et de l'oxygène soit égal à celui qu'offrent ces mêmes éléments dans le protoxyde d'azote Az^2O ?

352. Quelle masse d'azotate de sodium faut-il utiliser pour avoir tout l'acide azotique que l'on peut en obtenir, en employant dans ce but 2^{kg} d'acide sulfurique du commerce contenant 96 °/₀ d'acide SO^4H^2 ? Quelle masse d'acide azotique AzO^3H obtiendra-t-on ?

353. Quelle masse de nitrate de sodium AzO^3Na faut-il employer pour obtenir $1^l,3$ d'acide azotique de densité 1,42 contenant 66 °/₀ de son poids d'acide monohydraté AzO^3H ?

354. On fait l'analyse de l'air à chaud à l'aide d'une cloche courbe renfermant 60^{cm3} d'air à la température $15°$ et à la pression de 75^{cm}. Combien faut-il brûler de phosphore et quelle est la masse d'anhydride phosphorique P^2O^5 obtenue par cette combustion ?

355. Une éprouvette renferme un mélange d'air sec et de gaz carbonique. Elle repose sur le mercure qui est de niveau à l'intérieur et à l'extérieur. Le volume du mélange est 150^{cm3} à $0°$ sous la pression $0^m,76$. On fait disparaître le gaz carbonique en introduisant dans l'éprouvette une dissolution de potasse. Le volume du résidu est 53^{cm3} ; la différence des niveaux du mercure est 14^{cm}, la pression extérieure $0^m,76$, la température $15°$ et la force élastique de la vapeur d'eau $12^{mm},6$. Trouver les proportions du mélange primitif.

356. Une personne respire 20 fois par minute et chaque respiration fait pénétrer $\frac{1}{2}$ litre d'air dans les poumons ; les résultats de l'analyse de l'air expiré et de l'air inspiré sont résumés dans le tableau suivant :

Air inspiré   100 : Az = 79,   O = 21,   CO² (négligeable).
Air expiré   99 : Az = 79,   O = 15,5,   CO² = 4,5.

On demande, d'après ces données : 1° le poids de gaz carbonique rejeté en 24 heures ; 2° le poids d'oxygène utilisé dans l'organisme pendant le même temps.

Densité de l'oxygène : 1,105 ; du gaz carbonique : 1,529.

357. On veut avoir une solution ammoniacale renfermant 12 %/$_0$ en poids de gaz ammoniac. Quelle masse de chlorure d'ammonium devra-t-on employer pour obtenir le gaz nécessaire à la préparation de 1^{kg} de cette solution, et dans quelle masse d'eau devra se faire l'absorption du gaz au sortir du tube à dégagement?

358. La solution ammoniacale du commerce contient environ 50 %/$_0$ de son poids de gaz ammoniac. Quel poids de chlorure d'ammonium faut-il employer pour obtenir 1^{kg} d'ammoniaque du commerce ?

359. On recueille dans une éprouvette et sur le mercure : 1^0 le gaz ammoniac provenant de la décomposition de 5^g,35 de chlorure d'ammonium : 2^0 2261^{cm3} d'acide chlorhydrique à 0^0 et sous la pression 760^{mm}. Quel sera le volume du mélange dans l'éprouvette ?

360. On veut obtenir 100 litres d'azote à 10^0 et sous la pression 750^{mm} en profitant de l'action du chlore sur l'ammoniaque. Combien faudra-t-il employer de bioxyde de manganèse pour obtenir le chlore nécessaire ?
Poids atomiques :   Mn = 55 ;   Cl = 35,5 ;   Az = 14.
Densité de l'hydrogène : 0,069 5.
Masse du litre d'air : 1^g,293.
Coefficient de dilatation des gaz : $\alpha = 0,003\ 67$.

361. Trouver la formule de la réaction du phosphore sur la chaux CaO à une haute température, en supposant qu'on ait constaté qu'il se produit, en cette circonstance, du phosphure de calcium P^{2}Ca et du phosphate tribasique (PO^4)^{2}Ca^3.

362. On traite 7^g,75 de phosphore par l'acide azotique étendu et chaud, puis on évapore le liquide de la cornue et on chauffe le résidu au rouge sombre. Par quelles séries de transformations chimiques passent les produits de la réaction ? Quel est le poids du dernier acide formé ?

363. Les os contiennent environ 48 %/$_0$ en poids de phosphate de calcium (PO^4)^{2}Ca^3 et 12 %/$_0$ de carbonate CO^{3}Ca. On demande : 1^0 combien de grammes de phosphore on pourra retirer de 100^{kg} d'os par le procédé Coignet ; 2^0 combien de kilogrammes d'acide chlorhydrique du commerce contenant 22 °/₀ d'acide HCl, il faudra employer pour opérer les transformations nécessaires à cette extraction ; 3° combien d'acide sulfurique contenant 96 °/₀ d'acide SO^4H^2.

5°. — C. — CO. — CO^2.

364. Un kilogramme d'acide oxalique étant donné, combien obtiendra-t-on d'oxyde de carbone sec à 11° et à la pression 758^{mm} en le traitant par l'acide sulfurique ?

Formule de l'acide oxalique cristallisé $C^2O^4H^2$, $2H^2O$.

365. On veut remplir des éprouvettes de 125^{cm3} chacune d'oxyde de carbone mesuré à 16° et à la pression 760^{mm}. On demande les masses nécessaires par éprouvette, soit d'acide oxalique, $C^2H^2O^4 + 2H^2O$, soit d'acide formique CO^2H^2, soit de ferrocyanure de potassium $FeCy^6K^4 + 3H^2O$, pour cette production.

On donne l'équation relative à cette dernière préparation :

$$FeCy^6K^4 + 6SO^4H^2 + 6H^2O = 6CO + 2SO^4K^2 + 3SO^4(AzH^4)^2 + SO^4Fe.$$
$$(369) \quad (588) \quad (108) \quad (168) \quad (348) \quad (396) \quad (152)$$

366. On mélange, avec son volume de chlore, l'oxyde de carbone obtenu en traitant 20^g d'acide formique par l'acide sulfurique, et on expose ce mélange aux rayons du soleil. Quel est le poids de chlorure de carbonyle ainsi formé ?

367. La solution chlorhydrique du commerce (esprit de sel) contient environ 22 °/₀ en poids d'acide chlorhydrique HCl. Quel poids de cette solution faut-il employer pour préparer 100 litres de gaz carbonique en traitant le marbre CO^3Ca par cet acide HCl ?

368. Quel poids de carbonate de calcium faut-il décomposer par l'acide sulfurique pour obtenir le gaz carbonique nécessaire à la préparation de 100 litres d'eau de Seltz saturée à 15° et sous la pression de 6 atmosphères ? L'eau dissout son volume de gaz carbonique à 15° et sous la pression de 6 atmosphères. La densité de ce gaz est 1,529 ; le coefficient de la dilatation des gaz est 0,003 67. Les poids atomiques du calcium, de l'oxygène et du carbone sont 40, 16, 12.

369. D'après Boussingault, 1^{m2} de feuilles d'arbre décompose par heure, sous l'action de la lumière solaire, $1^l,108$ de gaz carbonique CO_2. Calculer le poids de carbone assimilé en 1 heure par une forêt de 10^6 arbres dont chacun porte 40 000 feuilles de 25^{cm^2} de surface. Quel est, en mètres cubes, le volume de ce charbon, sachant que la densité de ce corps, à l'état de charbon de bois, est 1,2 ?

370. On fait passer, dans un tube de porcelaine contenant du charbon et porté à l'incandescence, 10 litres d'anhydride carbonique dont le volume, après ce passage, devient $14^l,543$. Calculer le poids de l'oxyde de carbone et de l'anhydride carbonique qui composent le mélange ainsi obtenu.

Les gaz sont supposés secs et mesurés à $0°$ et à la pression de 766^{mm}.

Poids atomiques : $C = 12$; $O = 16$.

371. Quel est le poids de charbon qui peut être transformé en oxyde de carbone par l'oxygène contenu dans 1 kilogramme de sesquioxyde de fer ? Quel sera le volume de cet oxyde de carbone mesuré sec à $20°$ sous la pression de 750^{mm} ? Les poids atomiques du fer, de l'oxygène et du carbone sont 56, 16, 12 ; le coefficient de dilatation des gaz est 0,003 67 ; la densité de l'oxyde de carbone est 0,967.

372. On traite 5 grammes de marbre par l'acide sulfurique étendu et l'on fait passer le gaz produit à travers du charbon au rouge. Calculez le volume du gaz recueilli finalement à $0°$ sous la pression normale.

(Ec. d'Arts et Métiers de Reims, 1902.)

§ III. — PROBLÈMES DIVERS.

373. Le kilogramme de carbure de calcium du commerce C_2Ca donne, en présence de l'eau, une moyenne de 300 litres d'acétylène C_2H_2. Quel est le poids moyen de carbone contenu dans 1^{kg} de ce carbure ?

Poids atomiques : $C = 12$; $H = 1$; $Ca = 40$.

374. La combustion de l'acétylène à l'air se fait d'après l'équation
$$C_2H_2 + 5O = 2CO_2 + H_2O.$$

On demande : 1° le volume d'air nécessaire à la combustion de 300ˡ d'acétylène ; 2° le volume de gaz carbonique produit et le poids de ce gaz ; 3° le poids d'eau formé.

Les volumes seront pris à 0° et à la pression normale de 76ᶜᵐ.

375. 100ᶜᵐ³ de gaz ammoniac sont soumis à une série d'étincelles électriques jusqu'à ce que le volume de gaz ait doublé. On arrête alors l'expérience et on ajoute 90ᶜᵐ³ d'oxygène, puis on fait passer l'étincelle électrique à travers le mélange ; après l'explosion, il reste 65ᶜᵐ³ de gaz. Ces volumes ayant été mesurés à 0° et à la pression 76ᶜᵐ, on demande de déduire de cette expérience la formule du gaz ammoniac.

376. En faisant passer de la vapeur d'eau sur du charbon porté au rouge, on obtient un mélange des trois gaz : CO^2, CO et H ; 100ᶜᵐ³ du mélange traités par la potasse ont laissé un résidu gazeux de 78ᶜᵐ³. Quelle est la composition centésimale du mélange ?

377. 100 volumes d'un mélange de méthane, d'éthylène, d'hydrogène et d'azote sont mélangés à 200 volumes d'oxygène. Après le passage de l'étincelle, il reste 135 volumes de gaz dont 80 sont absorbables par la potasse et 45 par le phosphore à chaud. Déduire de ces données la composition du mélange.

378. 2 litres d'un mélange d'hydrogène et d'acide sulfhydrique ont exigé pour brûler complètement 2 250ᶜᵐ³ d'oxyde azoteux. On demande quel est le rapport des volumes d'hydrogène et d'acide sulfhydrique dans le mélange.

379. On introduit dans un eudiomètre placé sur le mercure 11ᶜᵐ³,02 d'oxyde de carbone, 22ᶜᵐ³,25 de méthane et 50ᶜᵐ³,01 d'oxygène, ces gaz étant pris à 0° et sous la pression 760ᵐᵐ. On fait passer une étincelle dans l'eudiomètre, puis on y introduit de la potasse. Quel est le volume du résidu gazeux mesuré à 0° et sous la pression 760ᵐᵐ ?

380. On mélange les gaz provenant : a) de l'action de l'acide chlorhydrique sur 5ᵍ de fer pur ; b) de la décomposition par la chaleur de 10ᵍ de chlorate de potassium ; c) enfin du traitement de 4ᵍ d'acide oxalique anhydre par un excès d'acide sulfurique. On demande : 1° le volume de chacun des gaz qui composent le mélange; 2° à quoi se réduiraient 200 vol. de ce mélange dans l'eudiomètre après l'étincelle.

Tous les gaz sont mesurés à la température 8° et sous la pression 760mm.

(Basin, Leçons de Chimie.)

381. Pour analyser un mélange de chlorure de sodium et de chlorure de potassium, on traite 0g,8775 de ce mélange par l'acide sulfurique, de manière à obtenir deux sulfates neutres ; le poids des sulfates formés est de 1g,038. Trouver la proportion de chaque chlorure dans 100g de mélange.

Poids atomiques :   Cl = 35,5 ;   K = 39 ;   Na = 23 ;   S = 32 ; O = 16.

ÉLECTRICITÉ

CHIMIE

DEUXIÈME PARTIE

PROBLÈMES NON RÉSOLUS

CHARTRES. — IMPRIMERIE DURAND, RUE FULBERT.

Préparation aux Écoles d'Arts et Métiers

COURS D'ALGÈBRE, par L. Tripard, professeur à l'École nationale professionnelle d'Armentières, membre du Conseil supérieur de l'Enseignement technique. — 3ᵉ édit. augmentée et conforme au programme en vigueur. Vol. 19/13ᶜᵐ de viii-621 pages, avec figures dans le texte, cartonné toile. . . . . **4 fr. »**

COURS D'ARITHMÉTIQUE, par L. Tripard. — Vol. 19/13ᶜᵐ, de viii-473 pages, cart. toile. . . . . **4 fr. »**

COURS DE PHYSIQUE, par L. Barbillion, docteur ès sciences, directeur de l'Institut électrotechnique de Grenoble, et L. Brunet, sous-directeur de l'École Vaucanson à Grenoble. — Vol. 20/13ᶜᵐ de 382 pages avec 339 figures, cartonné toile.. . . . . **3 fr. 50**

COURS DE PHYSIQUE ET CHIMIE, par J. Basin, professeur agrégé au lycée de Lille. 3ᵉ édition. — Deux vol. 19/13ᶜᵐ, cart. toile :

   I. *Physique.* . . . . **3 fr. »**
   II. *Chimie.* . . . . **1 fr. 75**

Cet ouvrage est beaucoup plus développé que le Manuel ci-après.

MANUEL DE PHYSIQUE ET CHIMIE, par J. Basin. — Vol. 16/11ᶜᵐ cartonné toile souple, 3ᵉ édition. . . . . **2 fr. 50**

PROBLÈMES DE GÉOMÉTRIE (*Méthodes de résolution et de discussion des*), par G. Lemaire. — Vol. 22/14ᶜᵐ, avec 211 fig., 191 probl. résolus et 401 à résoudre, 4ᵉ édit.. . . . . **2 fr. 50**

QUESTIONS D'ALGÈBRE ÉLÉMENTAIRE (*Homogénéité, Symétrie, Calcul rapide*), par G. Lemaire. — Vol. 22/14ᶜᵐ de iv-185 pages, avec figures, 2ᵉ édition. . . . . **2 fr. 40**

Cours de CROQUIS COTÉ, *à l'usage des candidats aux écoles nationales d'Arts et Métiers*, par A. Legrand. — 2 vol. 24/18ᶜᵐ (texte et planches), brochés.. . . . . **3 fr. »**

INSTRUCTIONS ET CONSEILS SUR L'EXÉCUTION DES ÉPURES ET DU LAVIS. — 11ᵉ édition, broch. 18/12ᶜᵐ, avec figures. **1 fr. »**

Ouvrage précieux pour les candidats aux écoles spéciales, et particulièrement des Arts et Métiers, en vue des épreuves graphiques.

Programme des conditions d'admission aux Écoles nationales d'Arts et Métiers (Aix, Angers, Châlons, Cluny, Lille et Paris). — Broch. 18/12ᶜᵐ. **0 fr. 35**

Programme des conditions d'admission à l'École d'électricité industrielle de Marseille. . . . . **0 fr. 35**

SUJETS DE CONCOURS pour l'admission aux Écoles Nationales d'Arts et Métiers de 1893 à 1907 *avec les solutions des Problèmes et les développements des Compositions françaises.*

Dictée. — Grammaire. — Écriture. — Composition française. — Problèmes d'arithmétique, d'algèbre, de géométrie. — Physique et Chimie. — Dessin à la plume. — Dessin linéaire. — Épures d'exécution des épreuves manuelles : ajustage, forge, fonderie, menuiserie. — Vol. 22/14ᶜᵐ . . . . 6 fr. 50

Concours de 1893 à 1913, planches seules. . . . . 4 fr. 50

TECHNOLOGIE COMMERCIALE : Cours de Marchandises, à *l'usage des élèves des écoles de commerce,* par P. MEYRAT, professeur à l'école de commerce de Limoges. — Format 19/13ᶜᵐ :

1ᵉʳ fascicule : Métaux. — Vol. de 212 p. avec 50 fig. . . . . . 2 fr. »

2ᵉ fascicule : Produits chimiques. — Engrais. — Explosifs. — Vol. de 368 p. avec 73 fig., 2ᵉ édition. . . . . 3 fr. »

3ᵉ fascicule : Matériaux de construction. — Céramique. — Verrerie. — Pierres fines. — Bois. — Combustibles. — Vol. de 360 pages avec 163 fig., 2ᵉ édition. . . . . 3 fr. »

4ᵉ fascicule : Produits tirés des animaux et végétaux, — Vol. de 410 p., avec 147 fig. . . . . 3 fr. 50

D'autres fascicules sont en préparation.

TECHNOLOGIE INDUSTRIELLE : Guide-Manuel de l'Élève-apprenti (Dessin de bâtiment et dessin de machines). Conseils sur le Dessin et leçons simples sur la Technologie du bâtiment et des machines, *à l'usage des élèves des écoles d'industrie,* par MM. JAYET et V. DULOT. — Vol. 18/12ᶜᵐ de 160 pages avec 116 figures, 3ᵉ édition, br. . 1 fr. 50
Cart. toile. . . . . 2 fr. »

LA COMPOSITION FRANÇAISE *aux examens et aux concours,* par F. LHOMME, professeur agrégé au lycée Janson-de-Sailly, et E. PETIT, agrégé, docteur ès lettres, inspecteur général de l'instruction publique. — Vol. 22/14ᶜᵐ de 600 pages, 5ᵉ édition. . . . . 4 fr. 50

GÉOGRAPHIE DE LA FRANCE ET DE SES COLONIES, par H. HAUSER, professeur à l'Université de Dijon. — Vol. 16/11ᶜᵐ de 216 pages, avec 70 cartes et croquis, 5ᵉ édition. . . . . 1 fr. 50

MANUELS D'HISTOIRE, par H. HAUSER. — Vol. 16/11ᶜᵐ, brochés : *De 1715 à 1815,* 1 fr.; *De 1815 à nos jours.* . . . . 1 fr. »

Programmes des conditions d'admission et de l'enseignement :

à *l'Ecole d'Horlogerie de Paris.* . . . . 0 fr. 35
à *l'Ecole française de Papeterie.* . . . . 0 fr. 35
à *l'Ecole supérieure d'Aéronautique.* . . . . 0 fr. 35
à *l'Ecole supérieure d'Electricité.* . . . . 0 fr. 35
à *l'Ecole pratique d'Electricité industrielle.* . . . . 0 fr. 35
à *l'Ecole spéciale d'Architecture.* . . . . 0 fr. 35